你的任性
必须配得上你的本事

现在的你吃的苦、
流的汗都将成为你将来任性的资本

微夏 著

民主与建设出版社
Democracy & Construction Publishing House

图书在版编目（CIP）数据

你的任性必须配得上你的本事 / 微夏著. -- 北京：民主与建设出版社，2015.12（2018.8重印）

ISBN 978-7-5139-0944-0

Ⅰ.①你… Ⅱ.①微… Ⅲ.①人生哲学–通俗读物 Ⅳ.①B821-49

中国版本图书馆CIP数据核字(2015)第291138号

出 版 人：	许久文
责任编辑：	李保华
整体设计：	曹　敏
出版发行：	民主与建设出版社有限责任公司
电　　话：	(010)59419778　　59417745
社　　址：	北京市朝阳区阜通东大街融科望京中心B座601室
邮　　编：	100102
印　　刷：	北京柯蓝博泰印务有限公司
版　　次：	2016年3月第1版　2018年8月第13次印刷
开　　本：	32
印　　张：	6.5
书　　号：	ISBN 978-7-5139-0944-0
定　　价：	32.00元

注：如有印、装质量问题，请与出版社联系。

在这里,

年轻的经验,岁月的智慧,一览无余。

能让你收服任性而为的心,重新审视自己,让你变成一个用本事来诠释勇敢和直率的人,从而让你真正有资格任性。人生过得顺随而舒适。

你必须非常努力,才能看起来毫不吃力。

你必须有所成就,任性才会成为一种率真。

问：我想要出国旅游就出国旅游，想买大房子就买大房子……就这么任性好吗？

答：好，但是你得有钱有本事。

问：怎样才能有钱有本事？

答：你要比别人更用心、更专注、更努力、更勤奋，不要轻信、执拗、放肆、妄为。

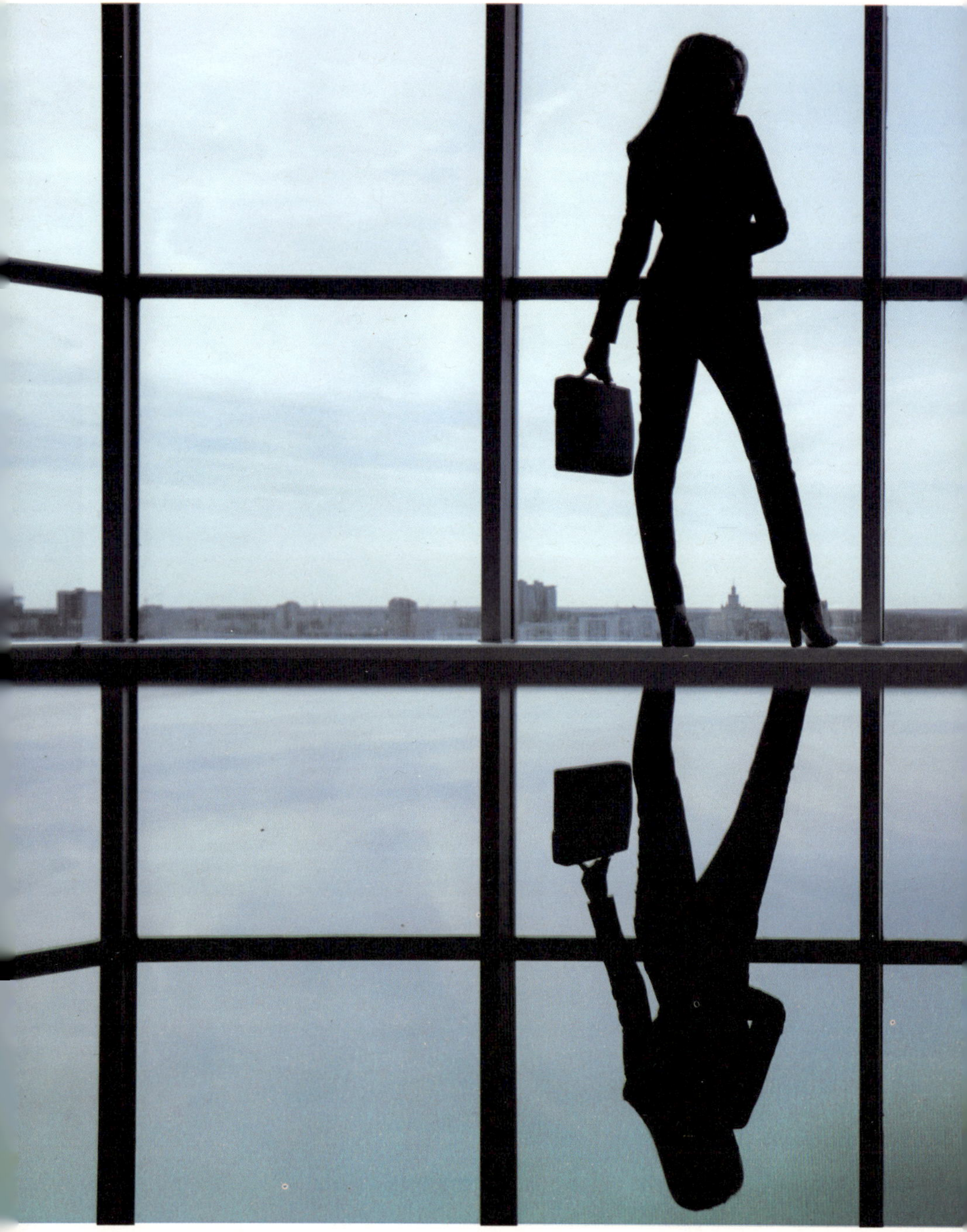

想做什么就做什么，想要什么就要什么，想喜欢谁就喜欢谁……这样的任性是每个人都喜欢的，有些人只是想想说说，有些人却将这些变成了现实。这些人就在我们身边，这些故事就发生这些人身上。

不懈努力，拼命坚持，你才会过上想要的生活。

目录
contents

序言 1

第一辑　你的任性必须配得上你的本事

你的任性必须配得上你的本事 002

别把任性当成一种率真 006

谁的青春不任性：梦在，青春在 013

尽管去做，别辜负人生的另外一种可能 023

敢做敢担当，才能在复杂的世界里活出精彩的人生 031

如果你知道去哪里，世界都会为你让路 042

青春时的努力是为了未来更好的生活 051

第二辑　你的自负和骄傲要配得上你的努力和用心

你的自负和骄傲要配得上你的努力和用心　　064

今天磨炼自己，将来才能成就自己　　071

你若不勇敢，谁替你坚强　　076

不想妥协，你就努力提高自己　　088

行到艰难处，不要抱怨，更不要放弃　　091

任何苦难，都需要自己去面对　　097

第三辑　你不努力就不知道自己有多优秀

你不努力就不知道自己有多优秀	102
你必须足够努力，才能对过去不满意的自己说再见	107
真正的好运，都来自你曾经的努力	118
要么去死，要么精彩地活着	126
你要向自己证明十年前想要的生活	133
你要变成更好的自己，才能够改变世界	145

第四辑　今天的你，要对得起自己期望的未来

今天的你，要对得起自己期望的未来　　　　　156

爱你的人，不会放纵你的任性　　　　　　　　161

你的眼光决定了你的未来　　　　　　　　　　166

得意时的谨慎，能够让你飞得更高　　　　　　172

你终将知道只会羡慕别人的人将一事无成　　　183

后记　只为追寻着我们想要的生活　　　　　　187

序 言

> 从现在开始,要让你的收入配得上你的奢望,要让你的任性配得上你的本事

年轻的我们,在互联网上看游记、瞧食谱的时候有没有想过去马尔代夫看海?有没有想过去巴黎吃上正宗的法国大餐?

在书上或互联网上看到成功人士的传记时,有没有一种希望自己也成为那样的人的向往和冲动呢?

我想任谁都想把生活过得肆意而潇洒,都有自己期待已久的愿望,和想实现的梦想。

是的,谁都可以向往,只要不弃追求,不停脚步,不放任自己的懒惰,不逃避自己的责任,哪怕这一切离得很远,也会因生

命之中迸发的念想，一步步迈向自己的向往之地。

  这些念想轻轻撩拨你、催促你。红尘的纷繁如同十丈软丝，虽然能时时轻易缚住你的身，阻隔你向往远方的梦，但那又如何，总有愿望和梦想，给予你想要去任性追求的信心。因为青春不但有悸动，还有激荡，激荡着指点江山、激扬文字的气概，让你可以很"任性"地去做一切事情。只要你相信：成功总是在脚下的，敢于迈开步伐的人才会向前。

  失败者通常不会去反省自己是否不够努力，不够坚持，不够……而只会在余下的光阴里一再后悔自己当初不该去任性地追梦，甚至从此变得畏首畏尾，再也不敢去尝试新鲜的事物，只会让自己的一生都活在这一次失败的懊悔中。或许你失败过，或许你曾经沮丧、无助过，可是你还要沉沦在那种气氛中吗？你还要延续你的失败吗？其实无论多晚的开始都是向明媚人生出发的起点。

  读到这里，不知道你有没有想起什么曾经因为任性而后悔的选择？

  比如：有没有因为任性不肯低头，而从此失去一个曾经相爱

序 言

的恋人，至今天涯海角再无相会。

有没有因为任性选择追梦，而去了一个陌生的城市生活，在那里颠沛流离，最后却一事无成，甚至还需要朋友的资助才能灰溜溜地回家。

……

人生诸如此类的可能实在太多，可能每一个人都会有过一次或是多次，让自己后悔过的任性行为吧。可是之后呢，你有没有以失败为动力或是经验，再次尝试过去追寻自己梦想中的目标呢？

101次成功的人，理所当然地都没有死在100次的失败上。如果你放弃，从此龟缩在自己或是他人构建的保护伞里，再也不敢去努力拼搏一次，并美其名为——平淡是福，那么一生可能不是平淡而是平庸，甚至会是贫困和不幸。

有很多人都是这样，因为不够坚持，碌碌一生而无所作为。

当然，也有一些人虽然敢于去做，却总是盲目任性，破罐子破摔，可想而知的是他们终将会为自己的任性买单。

想想我们老了以后，看着一些同龄人的传记或是回忆录，感叹对方好运的同时会做什么呢？或许什么都做不了，因为你已经没有时间来为自己证明：你当初的不敢作为或是任性而为，是多么的不靠谱了。

所以，不妨在可以任性的时候选择增长自己的本事，在可以选择的时候，去选有益于自己和他人的选项。从这一刻开始，你要为自己下一刻的人生负责，从这一刻开始，你不要让青春辜负了梦想。

现实中，最终实现梦想的人，都是有本事的，他们用自己的成就来证明一切——他们的任性并不是纸上谈兵。

那么你呢？从今天开始修行自己，学习本事，你也要成为一个可以成功追梦的人：你要明白，从现在开始，要让你的收入配得上你的奢望，要让你的任性配得上你的本事。

用你的本事阐释你的任性，这样才是真正的任性！

第一辑
你的任性必须配得上你的本事

你要让世界知道,你能够这么任性,因为你配得上这种人生!

你的任性必须配得上你的本事

有本事任性的人，才能在生活里游刃有余，进退自如。而不是把任性当成一种率真，恣意妄为。

想不想每个月拿着几万以上的高薪，一年发十三个月以上的工资，每年有三十天以上的带薪假期，周末双休，另外，不光有五险一金，还有各种福利。然后哪天觉得心情不好了，可以随便丢个假条，就背着包出去旅游？

因为要吃地道的日本寿司，就能当天买张机票飞去日本看着樱花吃寿司……

是不是觉得这样的生活才叫惬意？

而回到现实里，大部分人的生活每天两点一线，为了一日三餐四处奔忙，不要说出去旅游，就是周末也没有什么空闲与家人共聚一起。

为什么呢？为什么不能过上自己想要的生活呢？因为，你的本事还不足以让你拥有那么多，还不足以让你可以去任性地去做这些事情。

有本事的人，才能在生活里游刃有余，进退自如。而不是把任性当成一种率真，恣意妄为。

记得我工作过的公司曾经有一个会计李姐很受领导尊重，前后换过两位领导，每一位都对她很好。

她可以要求公司为她一个人独开先例，让她每天早两个小时下班，去接孩子。甚至要求公司出资在休息室加设了一张床，因为她要在那儿午睡。而这一切看似不合理的要求，公司都一一接受了，并且照办得妥妥当当——设在休息室的小床还特意配上了记忆型腰枕，因为这位李姐的腰不太好。

看似体贴的背后，原因无他，只因为她是一位注册会计师，而且工作经验丰富，是很多大公司想要高薪挖角四处寻找的人才。而她在这个小公司拿着一个月五千的薪资，明显是屈才了。李姐会降低薪资要求留下来，很大一个原因就是因为公司同意她的调班要求，工作方面也很支持她。而公司就只有一个要求，就是要她把职责内的工作做得漂亮。

同公司的另一位会计陈姐就没有这么好的优待了。她是一位四十多岁的大姐，虽然有会计证，但因为做事马虎，一直没能在会计岗位上站稳脚跟。在来我们公司之前，她甚至很长一段时间不得不在商场做收银员。刚拿到会计证时，陈姐也曾经在几个公司干过财务工作，但都因为账面一塌糊涂而被迫离职。

后来经人介绍，陈姐来到我们公司做银行会计。其实这个岗位只是因为李姐每天都会提前下班，所以没有时间去等出纳过来对账，才特加的一个职位。有些类似一般出纳的工作，主要就是去银行办理一些存汇款业务，还有和银行出纳对账归账。负责的账面比较少，所以工资也不高，开始时一个月1800元，加上因为每天要等出纳去银行存款以后再对账，所以陈姐每天都比别人要晚半小时下班。但她还是很珍惜这份工作，从来不请假，不早退，每天都是财务办公室第一个到的人。因为工作清闲，中午前台午休的时候，她有时也会被叫到前台去帮忙接一下电话。

可以看出来，李姐与陈姐在公司的待遇比较起来，可谓是一个天上一个地下。有时候闲聊，陈姐也会淡笑一下，表示，她基本功不行，真正让她独当一面，当会计做细账，她肯定会出娄子。在这里工作薪水虽然不高，可总比做收银员轻松得多，也不用倒班。

同一个公司的会计，都会有不同的待遇，所以他人怎么对你，真的与他人关系不大，关键在于你自己的本事大小。你的本事决定了人家会不会包容你的小任性，会不会尊重你对生活的要求。这就是人生的选择与获取，当你对生活提出要求的时候，生活也会对你提出要求，你想要过得更好，想要别人给你特权，想让这个世界对你宽容，让你任性地生活，那么你首先要向世界证明，你值得！你要让世界知道，你能够这么任性，因为你配得上这种人生！

别把任性当成一种率真

一个真正爱你的人绝不会放任你的任性不去约束。任由你一直这样任性妄为下去,直到神憎鬼厌。

今天亲戚来我们家吃饭,在父母都习惯把自己孩子和别人家孩子做比较的餐桌文化里,他们又难免把家里的几个孩子,互相比较了一番,做了一个用收入、学历,甚至配偶一起打分的综合"排行榜"。

这种时候总不可避免地会提起大姨家的独子光仔,然后,所有的家长同时为这个表弟的不成器发出了一声叹息。那种暗自庆幸自己的孩子总归没在"孩子排行榜"里垫底的表情，也大都在这时表现出来。不能怪家里亲戚们幸灾乐祸，只能说我这个表弟光仔在家里实在太不讨喜。

光仔上学时就成绩平平。好在考大学的时候，总算沾上了扩招的光，以270多分的成绩考上了一个三本末流的学校，混到了大学毕业。

现在毕业近两年了，自己找不到工作，就算家人厚着脸皮为他谋求来职位，他也总是干不长久。毕业到现在，已经换了十三份工作。为了解决他的就业问题，大姨把家里的七大姑八大姨，所有沾边不沾边的亲戚都求了一遍。

我记得以往在家中亲戚聚会的时候，经常看到这样的场景：大姨一边揉着眼睛，一边忧心忡忡地对着亲戚们讲："你看看，总没个合适的工作，他也这么大了，终归坐在家里是不太好，我也不指着他赚多少钱，可是总要有个工作呀。"每当这时候，总会有人出来安慰她道："别急啊，光仔还小，再过几年大了，就会懂事了。"

可是一年、两年、三年……过去了，光仔还是没有"懂事"。家里亲戚朋友为他介绍的工作，前后有十几份，可没有一份他能干长久的。其中有不少很多人看来还不错的职位，比如：

某知名通讯公司的行政岗位、当地大型地产公司的物业人员等。他做时间最长的是在通讯公司的工作，干了近三个月，后来因为与上司不和，他便一气之下辞职了。最短的是地产公司的物业管理员，上班第三天就和住户发生争吵，险些大打出手。物业经理吓得赶紧把光仔送了回来，对介绍人告罪道："这位少爷，我们这里实在是用不起。"

诸如此类的事总一次次地发生，开始的时候，光仔还对找工作抱有几分热情，每次介绍工作，他也会打扮得衣着整齐、神采飞扬地去面试。可是一次又一次在工作中与他人发生冲突，不是他不愿意干，就是公司让他走人。很快光仔本来就不多的志气，就消磨干净了。现在，他索性窝在家中打网络游戏，不再找工作也不去面试。每天不到凌晨不睡觉，不到第二天中午十二点不起床，靠啃老活着。大姨想为他寻个媳妇。可是，二十几岁的大小伙，就只顾天天打游戏。这样无所事事，脾气也不好的男人，当然没有姑娘肯嫁给他。

每次提起这些，大姨总会抹着眼泪，可是我们除了劝慰她几句"别太急"以外，也着实想不出什么办法。

虽然看见大姨这样，我们也很同情。不过，光仔会有今天，当然与大姨对他的教育是有密切关系的。

这要从他小时候说起，记忆里的光仔从小就不讨喜。他七岁的时候，因为大姨生病住院，他便寄宿在我家中数日。

记得那几日，光仔在我家吃饭的时候，从不为他人考虑，每天餐桌上出现什么他喜欢吃的菜，他都会连盘子一起扒拉到自己面前。然后像护食的小狼一样，一个人吃光盘里的全部菜肴，谁也不准动一筷子，要不他肯定会哭闹不休。

有一天，他看上了桌面的两盘菜，实在吃不完，可也要全都倒进自己的碗里。我着实有些忍受不了他的行为，便口气不好地说了他几句。光仔立时大哭了起来，为了安抚他，母亲马上把我训了一番，大意就是说光仔还小，我应该让着他些。听了母亲的话，光仔立时觉得自己理直气壮了。他没有再哭，反而气愤地冲进房里，把一碗没吃完的菜全扣在了我的床上。因为父母的制止，我没有当场发火。后来他居然直接脱了裤子跑到我床上去撒尿。

这样的胡闹，最后父母也只是说了一句："他还小。"或许在他们眼里，"小"可以成为一切任性的理由。当年的我十分愤愤不平，哪怕光仔离开以后，父母对我解释：光仔毕竟不是我们的孩子，我们也不好多管，他这样任性，以后自会有苦头吃的，你就别和他计较了。

年少的我当时不明白，不管束他，只是因为他不是父母的孩子的道理。后来，看到"爱之深，责之切"这句话，恍然明白，就是他们爱得不深，所以不在乎，才会这样放任他的任性，不去管束。

有了大家的放任，光仔越发肆意任性了，并且还认为自己所作所为都是对的。在他九岁的时候跟着大姨又到我们家来做客。那时候我家小妹才只有一岁左右，正在牙牙学语。大姨难免会去逗弄下小妹，光仔立时吃醋了，他便在地上打滚，用头去撞墙，哭嚷着，不让大姨再逗弄小妹。

大姨只好去哄他。他马上提出要求：要抱一下小妹。

因为那时候他已经九岁了，肯定能抱得起这么小的孩子。大姨拧不过他的意思，便把只有一岁的小妹交到了他手里。光仔却故意不接，让小妹摔在了地上。一岁的孩子惊得"哇哇"大哭。母亲看在眼里，疼在心里。可是光仔并不知错，而是愤愤不平地埋怨小妹之前霸占了大姨，甚至还想过去再掐打小妹几下，吓得大姨只能过去抱住了光仔，然后解释道："他还小。"

或许在大姨这个当妈妈的人眼里，这样任性而不讲理的行为都只是孩子的天真率直的表现，用一句"还小"就这样带过了。

客客气气地送了大姨和光仔出门后，母亲仔细检查着小妹有没有被摔伤。当看到小妹胳膊上有些红肿时，她心疼之余，便和我说了一句：光仔要是她的孩子，肯定会打他到懂事，太任性了。

这才是做父母应该有的行为。

一个真正爱你的人绝不会这样放任你的任性而不去约束，任由你一直这样任性妄为下去，直到神憎鬼厌。就像光仔一样，在他小的时候，家人都会为他的任性找理由"他还小"。这样三个字似乎掩盖过了他所有的任性妄为，大家好像只把这些行为都当成了小孩子的一种率真。可是任性不是率真！率真，是指听凭秉性行事，带着童心的天真不做作。而任性侧是披着率真的外衣，恣意放纵自己的行为，以求满足自己的欲望或达到自己某种不正当的目标的执拗性，毫无所顾忌地希望所有人都按自己的愿望或想法行事。或许光仔不知道，在家里有父母让着他，可是到了社会上以后，又有几个人能让着他呢？

不要总以为"还小"，因为一切成长来得很快。

可惜他过去是家里的小太阳，有着姨妈姨父等人像小行星一样围绕着他运转。但工作后，没有能力和本事当其他人的太阳，自然也不会有人愿意包容，忍让他的任性。

大姨现在后悔当初对他的纵容，害得光仔现在很难与人友好相处，处处碰壁。可是现在后悔已经有点迟了。希望啃老的光仔能够明白，他的任性是需要本事来完成的。小时候不懂事长大了还这样，父母百年后，他要怎么办才好呢？

　　毕竟我们人类是群居的动物，不能与他人相处的人，生活大都会有些困难，就更不要提什么成就了。所以别把任性当成一种率真，因为除了父母，不会有人对你说："没关系，你还小！"

谁的青春不任性：梦在，青春在

青春时期的孩子充满对成长的渴望、对陌生世界的好奇、对自己的期许和对未来的憧憬，那时的任性中有我们放飞的梦想。

前些天阴雨绵绵，滴滴答答地敲在窗上，吵得厉害，难得今天雨停了，少了雨水的吵嚷，我窝在床上，吹着空调，舒服得不想起床。

突然闹钟响了，我条件反射地从床上跳了起来，心里暗叫，惨了惨了，需要过去给妹妹做饭了。妹妹是父母晚年得女，被他们视若宝贝。如果去晚了，爸妈肯定会数落我。

因为爸妈最近要加班，所以给她做饭的任务就交给我这个最近休年假在家的闲人。穿好衣服，拿起钥匙，我才突然醒悟，我不用去了。

因为今天是妹妹去体校集训的第一天，从这天开始，她要在那儿度过漫长的四十天，进行游泳训练。

说起来也奇怪，训练中心施行军事化管理，有早上五点半起床晨练，不准带手机、不准带电子产品、不准带零食等等一系列让人咋舌的严格要求。我不能想象，每天手机不离身，零食不离手的妹妹，怎么会愿意忍受这些规定？

报名前，父母曾经一次又一次地问过她，是不是算了？暑假在家多舒服，体校没空调、没网络，又热又难熬，何必去受这苦？整整四十天集训，只有周末才放半天假，平常不准家人探视，什么休闲娱乐也都不能参加。连手机都不让带，就是受了委屈，想打个电话回家哭的地方都没有。何况你今年已经高二了，马上就要面临高三超负荷的学习，何必在这种地方浪费时间，浪费精力？

妹妹却是想都不想，一拧脖子说："我要去，我就是要去。"

前几天我带她去报名的时候，去看一眼训练中心的居住环境：还是20世纪90年代末筹建的老式宿舍楼，六层高，没有电梯。

在七月初这样的季节，我才爬到三楼，就已经满头大汗，留给她们的房间朝向不好，全是向西的，下午的烈阳炙烤在屋内，热得好像墙面都快要烤焦了一般。

房内没有空调，只有吊扇，每间房的室内都放着三张架子床，密密地挤放在一起，床与床的空隙间，只容转身。屋内没有洗手间，每层楼的走廊尽头是洗衣间和厕所。洗衣间里没有洗衣机。厕所因为太旧，门已经关不紧了。洗澡只能去一楼游泳室外的澡堂。

看到环境如此简陋，我都有些心痛了，哄劝她说："这么热，宿舍连个空调都没有，中暑了怎么办？这儿又没有洗衣机，你怎么洗衣服？还是回家算了吧。"

妹妹一听，就叫嚷道："我就要参加集训，帮我报名。"

想来今天送她去集训时，父母心里也一定会百般滋味在心头吧，看着自己捧在手心里长大的"小公主"，去受这样的罪，该有多少不舍呀！

况且妹妹是普通院校的学生，她游泳的速度水平，在我看来，不可能达到参赛的标准，也不可能成为体育特长生，不会得到高考加分之类奖励。至于对以后就业，游泳特长，发挥的余地也少得可怜。

但是妹妹在家里哭嚷撒娇个不停，最后父母与我选择了退让。

现在，看到这样的她，我不禁想起自己年少的时候，那时候，我喜欢绘画。

可惜父母表示学习绘画十分浪费钱，又不可能对我的人生有正面的帮助，因为画家出名的太少，而更多的人都是默然无声。浪费了时间学画，如果不能出名，最后能干吗呢？

用父亲当时的话说："坐在街头帮人画头像，一张十元，或十五元，这收入还不够买纸和铅笔的，不要说养活你自己了。"

那时候我也什么劝告不听，自己从零用钱里一点一点地省下钱来买纸笔，随时随地都抓住一点点课余时间去练习。有时候甚至会因为绘画而耽误了做作业。

父母劝过，骂过，打过，但却犟不过我。可能年少时，每个人的骨子里都有一个叛逆而任性的小恶魔吧，所以我依然故我地坚持画画。

渐渐地画的线条慢慢变得流畅，有时候，三笔两笔一勾，便是各种小物件的形象，瞧着也十分生动。母亲开始觉得我画得像样了，勉强同意让我报考了当地美术学院。

可惜，我没有通过美术学院的艺术加试。好在平时的学习并没有落下，通过调剂，我成为一所高校计算机信息应用类专业的学生。

虽然我没有成为美术学院的学生，但那时候我的梦想还在继续，学习计算机以后，我对编程等等应用完全不感兴趣，十分热衷于学习钻研计算机在绘图方面的运用。

这种任性而为的性子，让我在校时，多科高挂红灯，险些毕不了业。

毕业后，为了这个梦想，我漂泊在外多年，一直不能有稳定的收入与工作。很多时候只能靠给有些工作室画图与上色领取微薄的薪水。

这样的工作收入不稳定，闲时，可能什么事也没用，忙起来的时候，却必须加班熬夜赶工，有时候需要赶工时，甚至四十几个小时要一直高度紧张地盯着屏幕修改绘图。长年累月下来，眼睛近视得越来越厉害，身体也搞垮了。最后，我放弃了梦想，听从父母的劝告，回乡参加公务员考试……

有时候，说起这件事，母亲也会说，如果当年她没有纵容我时不时地画几笔，而让我专心读书，以我当时的成绩，再加把劲，可能现在已经考上了某些比较好的院校，肯定会比现在混得好。

这类的话听多了，不免会记起以前在一本书上看过一段话：如果我是史蒂夫·乔布斯的父亲，知道儿子居然在大学六个月后，要从里德学院退学，去一个游戏机公司上班，顺便赚钱前往印度灵修，我会不会支持他，哪怕他说出那样一段名句：

人生的时间有限，所以不要为别人而活。不要被教条所限，不要活在别人的观念里。不要让别人的意见左右自己内心的声音。最重要的是，勇敢地去追随自己的心灵和直觉，只有自己的心灵和直觉才知道你自己的真实想法，其他一切都是次要的。

我想我肯定是不会的，就像现在我不愿意妹妹去参加游泳集训是一样的，因为这件事对她未来的人生没有太大的帮助。

可惜妹妹就像我一样任性，并没有妥协。回想起我当年的事迹，父母现在唯一庆幸的就是，没有让我利用课余时间去报班学习素描，而是逼我补习英语。所以我才能在美术学院落选之后，最少还能混进一个不错的大学。

但是，也存在另外一种可能，如果当时他们支持了我的爱好，让我学习了素描等等基本功，我一努力考上了美术学院……这样也许能得到更好的发展。

这些谁也不可能知道，因为非常可惜世上没有如果，青春年少时，我们都怀着一颗少年懵懂的心，对未来充满了期盼。很多时候，我们的选择都带着自己的憧憬，有着几分执着，几分任性地去追寻自己梦想。

有一部分人，先是被撞得头破血流，最后还得接受现实，过能让自己相对而言安逸的生活……

但有些人，就凭借这几分执着与任性成就了自己的辉煌与伟业。不说别人，就说说当年和我一起迷上绘画的兄弟小韩。我们两人一起从美术学院落选，而他没有考上其他的大学院校，早早地辍学继续绘画。他一直坚持着自己的梦想，前年刚刚成立了自己的工作室，画出来的一些小件设计，也申请了独立版权，去年印刷POLO衫上的设计图的版税就已有十万多的收入，更不要说其他各项漫画下载流量的收入，年收入早已跨进百万大关。现在的他已是妥妥的事业有成的小老板。

/ 你的任性必须配得上你的本事 /

　　记得那时候我和小韩一起合作，他画出基础图，我来上色，我们每天挤在狭小而潮湿的房间里工作。因为缺少经费，我们租住的是半地下室，房间里不能关灯，要不就伸手不见五指。阴冷、潮湿这些我都能忍受，我忍受不了的是客户一次又一次地挑剔我们画得不好，改了又改，换了又换，可是客户经常还是不满意。我们每天对着电脑十几个小时，眼睛经常充满了血丝，可是还换不来客户的一句满意，一句赞赏，那种挫败感把我的信念与梦想压倒了。

　　有时候打电话回家，听到父母的关心，我只想哭。坚持了三年多后，我依然觉得看不到一点成功的希望。只能无奈放弃了绘画的梦想，毕竟都不小了，要为以后的生活考虑。

　　准备回老家时，我劝当时和我处境差不多的小韩一起回来，可是他却摇了摇头，说了一句，不甘心。然后小韩把自己仅余的五千块存款，交给我，让我转交给他的父母，并告诉他们，他一切都好。

　　回乡后，我马上紧张地投入复习准备应考当年的公务员省选考试，也就少了与小韩的联系。其实当时某种程度上，我觉得小韩有些太任性了，也有些太偏执了，都活得这么窘迫了，还不愿意接受自己失败了，回到老家最少父母亲眷都在一边看顾着，日子总归要好过几分。

直到今年过年的时候,我听到母亲突然夸起小韩出息了,在老家买了一套复式楼,刚装修好,让小韩的父母搬进去住。我才恍惚间发现,他的坚持似乎成功了。现在打开百度搜他的画室,能找出一堆资料与各种荣誉。

一周后,我和父母一起去接在集训中心的妹妹,我们去的时候,她们正在操场上做最后的训练,练习下蹲起立。

大门外还站了很多和我们一样来接孩子的家长,今天气温都快超过40摄氏度了,家长们说,现在还让孩子们这样在操场上折腾,他们交了钱是让孩子来练游泳的,不是来受罪的……

远远地看见妹妹,父母的眼眶就红了。才几天工夫妹妹已经晒得黑了很多,一直到哨声响起,他们才停止训练,然后在教练的带领下,又围着操场跑了一圈,这才散了。

看见妹妹一蹦一跳地跑出来,父亲心疼地问她:"回去就不过来了吧?何必受这个罪。"

妹妹立时笑脸一冷,生气地一拧脖子,就要往回跑,任性地叫嚷着:"要是不让我来,我就不回去了。"

看见妹妹的背影,我苦笑了一下,似乎在她身上看见我与小韩当年的影子,而一侧的父亲更是一脸落寞地看着妹妹,仿佛已经渐渐明白，他苍老的双手，已经护不住这只欲展翅飞翔的雏鹰。

是啊，我们都会长大，我们也都曾有过青春。

青春时期的我们充满对成长的渴望、对陌生世界的好奇、对自己的期许和对未来的憧憬，那时的任性中有我们放飞的梦想。

青春也是我们走向成熟的必经之路。相信只要我们善待青春，努力做到无悔无憾，会有那么一天，我们的青春随着梦想一起飞扬！

尽管去做，别辜负人生的另外一种可能

不论任何时候，只要你对现在的生活不满意，只要你想要去改变，那就尽管去做吧，别辜负人生的另外一种可能。

一天看见好友糖糖在朋友圈更新了照片，发的全是她最近在彩妆大赛上化出来的各色夸张的妆容，最后又附上一张她的自拍照，绚丽的舞台妆看起来明艳而自信，与几年前的消沉憔悴的糖糖对比起来几乎完全是判若两个人。

/你的任性必须配得上你的本事/

糖糖是我的好友，过去也曾是我们大学同学中一堆剩男剩女里十分羡慕的"好命女"，大学毕业就嫁给了自己的初恋，之后就在家当全职太太，负责貌美如花。而且初恋大糖糖五岁，当时已经是国企的某科长，收入稳定，房车具备。迎娶糖糖时更是大摆宴席，很是让人羡慕的一对。

婚后没多久，糖糖便怀上了孩子，她当时年龄不大，可以说还不是很成熟，不能完全融入待在家里做一个待产妈妈的角色，加上妊娠反应十分剧烈，糖糖开始变得十分敏感。可以说是迎风流泪，花落心碎。事无大小，处处都需要老公的安慰，稍有怠慢，糖糖便开始胡思乱想。

这样过了几个月，两人已经完全没有将为人父母的喜悦，感情也变得冷漠。糖糖开始给朋友们打电话诉苦：他不理我、他不回我短信、他今天出差没有给我打电话等等。这一切都能成为她大哭一场的理由。

终于，在糖糖在怀孕六个多月的时候，发现了她老公身上有另一个女人的痕迹。之后，糖糖的负面情绪更加爆表，每天都处在歇斯底里当中。她时常在恐慌自己的人生，更加害怕的是老公离开以后，自己无力照顾即将出生的孩子。

我们几个老同学当中不少人劝过她，让她与老公好好沟通一下，考虑以后要不要共同生活。如果不想再继续共同生活，那趁着孩子还没出生，要考虑清楚未来。

可是糖糖根本不敢去改变，哪怕现在这样的生活让她无比痛苦。

她曾经悲伤地对我表示过，如果知道对方会如此怠慢她，她肯定不会嫁给这个男人。

听了这样的话，我们都劝她，现在知道也不晚，可以改变的。可是她却恐慌地摇头拒绝了我们的劝告。只是悲观地一次又一次地告诉所有人：她后悔了，后悔太早结婚、后悔做全职太太等等。

看见她如此消沉，作为朋友，我只能无奈劝说她去学习一些课程，并给她列举这样做的好处：一、可以打发时间；二、可以提升自身价值。或许会让夫妻关系日渐好转，就算退一步来说，如果真的不能好转，最起码她能学到些生存技能，以后就有自己的事情做。毕竟她既然知道自己的问题所在，就应该为了改变自己的生活而努力。难道她想一辈子这样？

可是糖糖拒绝了我的提议，她害怕改变，认为自己怀孕了不适合学习，更重要的是她离开学校太久了，她也不知道从何学起。她一次又一次用自己的方法，辜负了人生的另外一种可能。

那次对话后不久，我在街上碰见了一个人去医院做产前检查的糖糖，她穿着一宽松的睡衣，因为裤腿太长，拖拉在脚上裤角边都有些磨白了。

她原本俏丽的脸因为妊娠水肿得厉害，头发胡乱地盘在脑后，看起来十分憔悴，仿佛一下老了十几岁，完全步入中年，这样的生活难道就是她想要的吗？

再次听到糖糖的消息，却是听说她生了一个女儿，然后老公以此为借口要求离婚。她当然不肯了，疯狂地开始哭求，所有与她相熟的同学都会不间断地接到她哭诉的电话，大致上就是一直埋怨那个男人多么没有良心，那个小三有多么无耻。

当听到她哭诉老公已经把家里的房子暗中过户给了小三，甚至为了把她和女儿赶回娘家而大打出手，大家都劝她离婚算了。可是她却还是不愿意面对现实。因为她害怕，她害怕如果离婚了，以后自己养不活女儿，也害怕离婚以后，她一个女人没有更好的归宿，说来说去，她总用一句老话——夫妻终归是原配的好，顶住了所有关心她的人。

不论糖糖有多不愿意改变，她老公也没有回头，她只能自己一个人孤零零地带着孩子住在娘家，而她老公早就与小三开始出双入对，公然同居。

就在糖糖几乎要面临人生绝境的时候，果果的回国改变了她未来的人生。

果果是糖糖大学时期最好的闺密，她们俩的糖果组合，曾经是在大学联欢会上最靓丽的风景。果果要强而进取，在大学毕业以后去了国外进修硕士学位。糖糖却温柔可人，毕业后嫁为人妇。两个完全不同的女生，却十分合拍。所以这次果果回国意外得知糖糖的事情，立时丢下了一切，从上海赶来看望。

我去机场接了果果，并和她一起去看望当时十分低迷的糖糖。

一进屋里，就听见糖糖的女儿正在大哭，糖糖一个人坐在沙发上发呆，给我们开门的是糖糖的母亲，老人家手里正拿着个才换下来的尿不湿。一切显得那么混乱而颓废。

果果帮着老人家一起把孩子料理好，然后把糖糖拉到镜子面前，指着镜子里的女人说："你自己看看，你还像个女人吗？"

糖糖没有理会，只是尖叫着哭诉，无非就是男人没有良心，她现在都快离婚了，那男人还为了小三把财产都转移了等等。

我和果果都没有说话，等她一个人哭完了。果果把她拉到了房里，帮她梳了头，又换了衣服，最后还化了一个淡妆。再走出房门的时候，糖糖整个人都精神多了。然后果果又拉着她走到镜子前，指着里面问她，你要是男人你喜欢之前的那个你，还是现在的这个女人？

看见糖糖又要哭诉男人肤浅、没良心、只关注女人的外表。果果打断了她的话,告诉她,并不是说男人都这么肤浅地只看外表,可是一个人的精神面貌会给人不同的感觉,哪怕你不漂亮,最少你要让人看着十分阳光、积极。而不是只会带给男人负能量,那样谁都会受不了的。

最后果果问糖糖:是不是愿意接她电话的人越来越少了。

糖糖迟疑了一下,最终点了点头。

其实不愿意接她电话的朋友里也包含了我,这件事还是我隐晦地向果果提过,希望她劝劝糖糖。因为自从糖糖开始闹离婚以后,她完全抓狂了,每天都在等她老公来向她道歉,来挽回,可是等来的只是她老公与小三出双入对的消息。在这样的刺激下,她一天二十四小时都有可能打电话找人哭诉。曾经凌晨两点多给我打过电话,可是不论我怎么劝她,她都听不进去。说来说去,她都是害怕改变,有种种理由来告诉我,这一切不是因为她的无能,全是别人的问题,她没有办法。一讲到让她进修,让她靠自己的双手改变生活,她就会觉得困难重重,什么年龄、女儿或是精神不好,全成了她的理由。其实在让人觉得又可怜又可恨,怒其不争又哀其不幸。

最后果果留下来陪了糖糖一阵子,在她的劝说下,糖糖报读了彩妆进修班。

起初果果与糖糖的家人让她去学彩妆，只是想给她找个寄托。让糖糖有一个与社会接触的机会，而不是天天闷在家里胡思乱想。可是没想到一读下去，糖糖却学出了兴趣，很快通过了高级化妆师资格认证，一举拿到了国家统一发放的证书。

有了这门技术，当地的影楼都争相聘请她去工作，最后为了照顾女儿，她选择成立自己的工作室，除了承接一些宣传或是影楼的彩妆工作，更多也是兼职承接为新娘化妆。现在她的薪资已经涨到了800至1800元一天，一个月的收入也渐渐稳定在一万五以上，供养女儿绰绰有余。经济宽裕以后，她请了一个钟点工帮忙料理家事，给自己更多的时间去学习，甚至去旅游。她的生活中开始有了越来越多美好的话题，朋友也越来越多。人也变得漂亮与自信，她接受了离婚的现实，虽然有时候也会因为这件事感觉被伤害了，但大部分的时候，糖糖都生活得十分充实而快乐。

如果当初糖糖没有改变，一直都还在自艾自怨当中，她还能有现在的发展吗？

看见糖糖现在走向了全国彩妆大赛的舞台，我为她感到高兴。其实当初我们都没想到糖糖会有现在这么好的成就，只是希望她能改变一下那样消沉的生活方式。可是她的一点小改变，就换来了今天的灿烂人生。所以说，不论任何时候，只要你对现在的生活不满意，只要你愿意改变，想要去改变，那就尽管去做，别辜负人生的另外一种可能。或许就像糖糖一样，因为一个不同的选择，就有了另一种不同的人生。而这个不同的新生，或许恰好就是我们都向往的幸福生活。

敢做敢担当，
才能在复杂的世界里活出精彩的人生

最让人无奈的不是贫困，而是对这个世界，对自己无能的绝望。

《无间道》里最有名的台词，便是吴镇宇扮演的阿孝缓缓说出的那句，"爸爸说，出来混，迟早要还的"。这句话里隐带着几分无奈，可是也说明人都必须为自己的行为负责，不论你愿意或是不愿意，做每一件事都要担当起后果，这也是佛家所说的因果不空。

所以当人们在任性之前,更需要考虑一下,自己能担当得起吗?毕竟自己选择的路,爬着也要走完。这是一个人成长过程中必须具备的品质,如果连这样的担当都没有,又怎么能让人相信你可以有所作为?

想起前不久,有个认识的妹子和我聊天,说前些日子,她去算过命了。"大师"说她去年的一段失败的经历,都是命中注定的。然后那个妹子表示,特别后悔自己没能早点认识那个所谓的"大师"。好像要是能认识他,就能早些避开这些错误了一般。听完,我很无语地"呵呵"了一下。

说到这里,就不得不提一下这个妹子去年的经历了。原本她在某大学任助教,工作稳定,还可自己在外帮人译书赚些稿费,年收入十几万是妥妥的。不敢说白富美,但也过得十分小资。

可是她年轻气盛,决定和朋友一起合办一个婚庆公司,当时大家都劝她不熟不做,可是她却执意相信自己的能力与人脉。大家劝她不要辞去工作,边做边看,可是她也听不进去,有些任性地辞去工作,又拿了自己全部的存款与另两个相识不久的朋友合办了一个小规模的婚庆公司。

结果第一个月没有生意,所有的开销付光了公司里的备用流动资金，月末要发员工工资的时候，她的合伙人让她刷自己的信用卡，变相用信用卡套现七万多支付员工工资。在几个月里，她前前后后套现了两张信用卡上的资金，累积二十一万。

我个人觉得她的思维已经不太正常，所作所为更是涉嫌信用卡诈骗，渐渐也少了与她的交流。

然后突然有一天，我看到她的留言："我不活了，我可以选择死的，又不是没干过，觉得睡着的感觉太好了，全身都轻飘飘的，要是可以一直不醒来就好了。"

受惊之下我赶紧打电话给她，可是一直是关机。一周之后，我才从其他朋友那里得知她的情况，她割脉自杀被救，后来她母亲知道事由，押了自己家的房产，贷了二十一万，为她还清了信用卡欠款。

之后，这个妹子就陷进一个怪圈，她没有痛定思痛，考虑怎么重新站起来，而是一直不停地问所有人，为什么她好心帮公司解决困难，最后那两个合伙人却不肯还她钱。是不是好人就没有好报？

我想说，不是说好人没有好报，而是你做一件事的时候，一定要考虑到后果，如果你只顾自己任性而为，甚至可以为了自己的一点执念而涉嫌信用卡诈骗，那你的所作所为也就不再是什么好人行为了，自然只会让自己陷入万劫不复。

如果她在套现信用卡之前，肯听一点点我们这些朋友的劝告，早些抽身而退，或许之前的投资不一定能收回来，但最少可以止损，可是她没有，她害怕自己输了，害怕自己的投资打水漂了，只能像个赌徒一样，一次又一次地往上押上自己本来就不多的赌本，最后换来的结果会是赢吗？所以做事一定要量力而为，要想清楚自己能不能承担这样的后果。

当然人一辈子不可能都不吃亏，不做错事。拿这个妹子的事来说，退一万步，她也不过就是背上了二十一万元的债务，至于要结束自己的生命吗？

我真的不明白，一个人连死都不怕，还有什么不敢去承担，不敢去面对的。婚庆这个行业不是没有发展潜力的，如果她好好经营，未必以后不能翻身，她却只因为一时的挫败，便想要结束自己的生命，真的值得吗？难道只能用这样的方式来逃避一切吗？

一个没有勇气面对自己的失败，不肯奋发向上、再站起来的人，幸运与成功又怎么可能眷顾她。

无论如何，我们都不想她继续消沉下去，不想失去她。所以这周末我与另一个友人相约一起去看望她，再次见面的时候，却让我大吃一惊，这妹子气色好了很多，不复之前的颓废。

看见我们来了，妹子热情地出来招呼，还亲自切了几个橙子来待客。要知道，自从去年这件事以后，她已经很长时间都只把自己锁在房里，躺在床上装病。

见她精神突然间变得很好，我忍不住问道："想通了？"一侧的友人踢了我一下，但是妹子却很坦然地笑了笑，一边给我们分橙子，一边说起这橙子的来历。

原来这看似不起眼的橙子是妹子几天前特意从云南带回来的。

由于她终日郁郁寡欢，前些时候，家人为她报了一个旅行团，让她远去云南散心。

在旅行的过程中，看着旅行团里的其他人都是与家人或是朋友一同出行。有同行伙伴的团友总是自己分成小团体，聚在一起有说有笑，只有她形单影只，孤独而行。

他人手里把玩的都是新款手机，拍照留念用的是各色名牌照相机、摄录机。而她的手中只有一款老式Nokia手机，外壳已经被磨损得破旧不堪，功能就更不用提，除了接打电话更无他用。确切说应该是除了看时间更无他用，因为这两年来的折腾，使得所有的朋友都已经和她断了联系。

这次出行旅游的钱也是母亲从原本就不多的家庭开支里挤出的几千块。为了这个，可能在她出行的期间母亲和父亲只能靠吃咸菜度日。家里的洗衣机坏了很久，如果不是因为要让她出来散心，原本可以用这钱换个新的洗衣机，可是现在……

想到父母眼神，她都有些想哭，其实她知道，她都知道，原本她不想出来。其实她想要的只是所有人都不要理会她，都无视她，让她一个人安静地躲在自己的世界里，而不是像现在这样看着别人的欢笑。

似乎众人的欢笑，沿途美丽的风景，这一切都在嘲弄她的无能与失败。一路行来，别人越是高兴，她的内心越是失落，这种强烈的反差几乎让她发疯！

想起她曾经的小资生活，何时旅游需要这么寒酸？要不是因为她还懂得一点点父母的良苦用心，都差点儿一个人默默留在队伍后面，然后在这陌生的地方，寻一个无人关注她的机会，自行了断。因为她已经完全看不见自己的未来还有什么希望。最让人无奈的不是贫困，而是对这个世界，对自己无能的绝望。

还好，负责任的向导大姐，看着她总是一个人落单，每次都刻意等待她跟上了，才会继续行程，甚至时时关注她的一举一动，稍有不对，便让她坐在自己身边来。为了不辜负和拖累这位善良的向导大姐，她渐渐收了要了断的心思。并告诉向导不用担心她，开始配合向导的工作，认真跟上行程，一路上也断断续续被向导撬开了口，说了些去年经历的不愉快。

向导知道她的经历以后，特意改变了路线，带大家去搞一次旅游采摘。而他们去的便是在当地赫赫有名的橙园。当她看到一些满头白发的老人还辛勤地在果树下劳作时，看着那一双双布满皱纹的双手还在热火朝天地将收摘的橙子一个个清理好放进果盒。她联想到自己的际遇，不由心生了几分不忍。出于同情，虽然她手头并不宽裕，还是忍不住去买了一箱老人们种出的橙子。

后来在回来的路上，听向导说起，妹子才知道这些橙子也算大有来头，它们是褚时健带领下种植的。这位老人曾经是一位小厂的厂长，他让一个小地方的小烟厂做成了亚洲第一、世界第五的品牌——红塔山。可惜在他71岁时，走错了路。所以他在1999年的时候，因贪污被判了无期徒刑。按照常规思维，老人的一生就该在牢里度过了，说得难听一点这么大年纪了被判无期，实际上就等于宣告了余生的黯然结束，极有可能老死狱中！老人的女儿因为经受不起打击，在狱中自杀，这对于一个行将就木的老人来说更是雪上加霜！可是，他没有认输。两年后，他因为表现良好而获得减刑为17年，不久因"严重糖尿病"，获批保外就医。

在常人看来，他能在家里颐养天年就该是最美满的结局啦。

可是，老人格外珍惜自己的未来。经过一番考察，很快在荒山上种起了果树，重新发展自己的事业。他带着老伴进驻荒山，开始垦荒，这一年老人75岁，6年之后他将是一个81岁的老人，因为橙果树6年后才会挂果，很多人说他是痴人说梦。多年过去，老人的过去已经没有人提起了，更多说起的是这个果园的成功，老人的坚忍、担当与努力。而褚橙已经成了一个励志的传奇，享誉国内外，得到了多个名人的称赞，以及无数人的佩服。

她这才恍然明白了向导的苦心——是特意为了用这位老人的故事开导她而改变的路线。讲到这里，妹子激动起来了，说："于是我心想，75岁的老人再次创业，都能在几年之内成为千万富翁，我还有什么理由继续逃避，继续消沉呢？去年的时候，我才25岁，也就说我最少比他多50年可以努力，不试试怎么知道我行不行？我觉得那些劳动辛苦的老人们值得同情，其实我之前那样不敢面对自己失败，逃避自己走过的人生，才是最可怜的。"

看见眼前她神采飞扬说这些的样子，我不由欣然笑了，看来一年前消沉的那个女孩，已经无影无踪了。其实无论生活怎么样，每个人都要敢于担当，敢于面对。即使犯了错，也可以通过努力改变纠正！

一个25岁，花样年华的女孩，只是因为她害怕还不上信用卡，便在可能会坐牢的恐惧里选择了自杀，用死回避问题，逃避责任。但从牢里走出来的老人却不肯认输，用行动证明了，犯了错误没关系，只要敢面对自己的失败，勇于担当自己的人生，成功还会再来，荣誉还会再来。

妹子苦笑一下总结了自己之前的荒唐：去年先是用自杀让这件事交付给了父母处理，然后就一直在忧郁症中度过，只会逃避现实，不思进取，不再工作，一直到遇上一个"大师"，以为找到了解脱的理由——原来这一切都不是她的错，是命中注定的，就连她母亲要帮她还债，也是命中注定的，因为她母亲上辈子欠了她的恩情，这辈子是来还恩的。

其实什么母亲欠了我们的恩？有什么恩情比生育我们更大，如果没有母亲，哪来的我们。这一切，只不过是她不愿意面对自己的错误而造成了让家人如此尴尬不利的局面，如果不是云南之行，如果不是好心的向导，大概她会一生都用这样的借口来逃避自己的过失，此后再无建树。

看到她有这样的觉醒，我真心为她感到高兴。这个妹子受过良好教育，曾以全省前一百名的高考成绩考入了一所全国知名的院校，前二十几年的人生可以说是顺风顺水。如果只是因为这样一点小小的挫败，便从此活在了自己为自己构架的世界里，用各种各样的理由逃脱。或许她应该检讨的是原来真的不应该那么任性。

她如果没有那么任性：在婚庆公司没有良性循环发展的时候，就贸然辞职。不是那么孤注一掷，又怎么会成为三个人中最舍不得放手的人？她的两个合伙人都没有放弃原来的工作。而她因为没有退路，只能一次又一次去填这个亏空，弄得自己搭进去那么多，差点连命都没了。

如果她没有盲目使用信用卡套现，也不会使自己进入绝地。但她最错的事情就是不敢承担自己的过失，选择用死亡来逃避一切。不过人在成长的过程中，谁能不犯错呢？我想这件事情的教训，也教会她不再盲目地任性。

人只要能在失败中取得教训，得到成长，其实一次两次的失败，并不可怕，毕竟没有人天生下来就是什么都会做，什么都能做好的。重要的是不论什么时候，你都能有勇气去担当与面对自己的人生经历，从中吸取自己所需要的养分。

像这个妹子这样，虽然眼下她还处在困境之中，可是在这次见面的时候，她已经重新找到了工作，去一家当地知名的婚庆公司做策划师。因为有之前失败的经历，现在她十分清楚里面的经营模式，还有宣传方式，听她说起自己的策划方案，十分有条有理，看来是真的准备好好大干一场了。

虽然教训是昂贵的，但是看到她现在这样勇于承认自己的错误，承担责任，面对人生的挑战与未来，她离成功还会远吗？

说到这些，突然想起《老情书》里面老太太的那段话："老和尚说终归要见山是山，但你们经历见山不是山了吗？不趁着年轻拔腿就走，去刀山火海，不入世就自以为出世，以为自己是活佛涅槃来的。"

不努力奋斗，不敢当担，只会逃避问题，你可以躲得了一次、两次，能让别人帮你解决一辈子问题吗？能靠相信命运就活出精彩吗？真当房子、车子、票子都是天上掉下来？

敢做敢担当，不惧不怕，不逃避不放弃，努力奋斗，才能走向自己向往的人生。而不是在这辈子，活成了一个让自己都看不起的人！

/ 你的任性必须配得上你的本事 /

如果你知道去哪里,世界都会为你让路

只要选择正确方向,哪怕经历一些不顺,也只会让生命会因磨砺而变得更坚忍,终将成就我们追寻的辉煌。

姑妈家的表妹马上高三了,新年开联欢会的时候,有一个十分有趣的互动,是让孩子们上台说出自己的理想。

憧憬自己的未来时,很多孩子说的话,就像网络剧《万万没想到》里说的一样:当上总经理,出任CEO,迎娶白富美,走上人生巅峰。

表妹的班上一共有四十七个学生，几乎四十个都是这样演讲的。看着一张张还带着稚气的脸，我不由笑了笑，如果个个都是CEO，不知道谁来当CEO的下属呢？

于是，我不讨喜地提出了一个问题："咱们班的同学们都很有大志，全想要成为CEO，不过，你们的计划是什么呢？打算几年做成什么样的事业，然后在多少岁之前成就自己的目标？"

站在台上的是一个十分有朝气的小伙子，他已经比我还高了，大约一米八六左右，听到这样的问题，略有些青涩的脸，明显愣了一下，不由呆呆地反问道："计划……计划就是考上好的大学，用功读书，然后……"

小伙子明显说不下去了，他抓了抓自己的短发，有些局促而又任性张扬地说道："你怎么知道我做不成，不就是努力工作，争取早点当上CEO。"

说到这里，大家一起哄笑了起来，明显所有人都觉得不可信。

我也跟着笑了起来，笑完，我给这些孩子们解释了一下什么叫CEO。

"CEO全称是Chief Executive Officer。行政总裁才是CEO最恰当的中文翻译，CEO在一个企业里的权力很大，既是行政一把手，又是股东权益代言人。所以大多数情况下，CEO是作为董事会成员出现的,从这个意义上讲,一般来说CEO是上市公司的总裁才可以拥有的称呼。

"最小规模的上市公司,普遍来说人数也不少于五十人,和咱们班上的人数相比,只多不少。就当班级是一个小的上市公司,你在班上成绩是第一名吗?是班干部吗?是最优秀的学生吗?"

小伙子摇了摇头,尴尬地笑了。

我继续说出自己的看法:"那大家怎么确定自己在公司里就可以脱颖而出?

"好吧,退一步来说,就算咱们在班上个个都是第一名。"我说到这里,所有的孩子和家长都笑了起来。

"大家知道,今年本省大学考生有多少呢?录取人数近26万,其中,文史类一本为570分,文史类二本523分,而我们现在的模拟统考的平均分数是多少?"

说着,我看了一眼黑板上的分数统计——不到380分。"也就是说其实咱们班大部分的孩子,都考不上一个好的大学,就算考上了,国内一共有多少家上市公司呢?截止到2014年末我国沪深两市共有上市公司不到二千六百家。"

说完了这些困难,大家都安静了,台上的小伙子尴尬地置气道:"那就不当CEO呗,混个主管什么的也不错。"

我依然还是一样的问题:"你的计划是什么呢?你想在什么行业里成为他们当中的精英?你又为了这个目标做了什么样的准备?你有什么优势?"

台上台下的孩子们都安静了,或许这些事,是他们从来没有想过的。

等晚上回家以后,表妹有些埋怨我在她的小伙伴们兴头上说这些,有点不得体。我却依然固执而又认真地追问了她的未来规划。表妹愣了很久,最后默然地表示,其实她并没有什么规划。

或许这就是很多人的现状吧,说起远一些的理想,每个人都说得头头是道,可是说起怎么样去实现自己的理想,却没有几个人能说出个所以然来。

我不禁想起,我当年曾经在大型国有饮料企业做过一段时间的推销,当时的领导是一个东北大汉,他因为在公司内部与上司的一些意见不合,刚被从河北大省调到了我们这个中部地区的小城市里。

我进入公司的时候,他正满腔热血,每天跟着业务员下市场,天天早上带着大家喊口号,画蓝图,最后给我们订下了一套十分夸张的年终销量计划,要求大家今年必须完成1亿元的销售额。

这个销售额说起来十分抽象,可能大家理解不了这个业绩要求，在当年来说有多么天方夜谭。当时世界知名品牌"百事可乐""可口可乐"，还有中国本土饮料品牌"娃哈哈"在中国地区年销售额分居前三甲，占领百分之六十以上的饮料市场。而我所在的公司，并不是这三大品牌其中的任何一家。而且通过市场调查，这三大品牌前一年在本市完成的业绩总额，合计也只有1.9亿。

所有人都认为这是不可能完成的任务，大家十分消沉，作为业务员，我们的薪资与业绩完成有着直接关联，完不成业绩，就没有提成。这样算来，薪资可能瞬间锐减到过去的四分之一左右。那时候有几个老业务员都拍着我的肩膀说："小夏，你就好了，和我们不一样，你是读书人，来这儿工作就是为了打发时间，迟早会考公务员或是有其他的发展，我们不一样，我们有儿有口的，他这样是想逼大家走呀。"

那时候每天跑完业务，回到公司气氛都很低迷，大家有事无事就在公司玩电脑，或是三三两两借着跑业务的名义，出去找工作。

这样过了大约半个月，突然有一天，我们新来的领导召集大家开会，所有人以为又是旧话重提，画蓝图、讲远景。没想到他给所有人打印了一份计划书。

内容十分细致，把一个亿的任务细化到了每个月，每个人需要完成多少份额，并且把每天工作量细致地列明，每一周可以去拜访那些客户，这些客户的月季度销量是多少，进货习惯是什么，我们现有的份额是多少，有什么样的提升空间，全部都做了分析。

看完之后，所有人都发现，其实这个任务并没有我们想的那么难，只要每天多做一点点，多努力一点点，或许就可能完成。最后，领导在台上，大手一挥地表示，他用了近一个月的时间来了解了这个市场，做出了这样的分析，他认为这是合理，并且有可能实现的，希望大家和他一起努力，如果成功了，年末会给大家四倍的奖金。

听到这样的期许，所有人都激动了，大家一遍又一遍地看着计划书的内容。最后所有人把劲拧在一起，每天都按照计划书规定去拜访客户。为了取得客户的好感，按时完成每周的任务，甚至会在商场里帮忙打扫卫生，搬货等等。初时大家都觉得很累，可是第一个月，我们的销售额就比过去一个月提升了百分之五十多。之后每个月销量都在成比地递增，到了年末，我们居然超额完成了1亿销售任务。

在公司的年夜会上，领导端着酒，敬了所有的人，他对我们说："其实只要把目标变成倒计时，细化到每一天，就会发现，其实梦想，没我们想得那么远。"

最后领导笑着说："我有一个人生信条，就是坚信，如果我们能清楚知道要去哪里，世界都会为我们的努力而让路。"

当时我想，如果不是因为他后面的那份详实的计划书，是不是所有人都会让那1亿销售额的目标吓跑？答案当然是肯定的，那时候据我所知，就已经有两位同事开始四处面试，寻找新的工作了。

看到领导的计划书后，我们非常清楚地发现，其实我们离目标并不远。而且达成目标以后的收获是十分丰富的，大家的干劲立时就被鼓舞起来了。

表妹这时候却跑过来打断了我的思绪，递过她写的理想，只有一句话——想成为一个杰出的法医。

看来，她也是只有目标，却不知道路要如何走，我接过来，让她继续往下写，比如，高考准备考什么专业，准备考多少分数才能上这个专业诸如此类。

表妹想了想往下写：大学专业——犯罪心理学。

我不由嘲弄地告诉她，犯罪心理学根本就不是法医的学科，你连法医具体是搞什么的都不清楚还当法医？首先法医是专业性很强的职业，这行女性就业十分不占优势，必须得克服很多你害怕的东西，像各种死动物、昆虫、恶心的气味、恐怖的杀人场面等。而且，法医要考公务员，体能要求非常严格，一千米和引体向上都是必考科目，体能差的成绩再好也是白搭。

然后我问表妹，她体育考试一千米，一直还在四分钟以上，从来连体育考试都考不及格，怎么当法医呢？如果你连怎么到达理想的方向都找错了，怎么可能成功呢？有时候选择比努力更重要，走上正确的路途才能更省力地前进。

表妹拿着这张写着她的理想与憧憬的信纸有些沉默。我看见她皱起的小脸，忍不住劝她，这就像一位哲人说过："梦里走了许多路，醒来还是在床上。"它形象地告诉我们一个道理——人不能躺在梦幻式的理想中生活。

我们不但要有自己的理想，更要懂得怎么去实现理想。要努力去实现一切，而不是在理想中躺着等待每一天的开始与结束，这样理想不仅遥遥无期，甚至连已经拥有的也会失去。在我看来，法医并不是一个适合她的职业，她不如安心学习，不要为不切实际的想法，浪费时间。

可是后来，我发现，我错了，表妹不但没有放弃，反而开始为了这个理想，一直在努力。从那天以后，她每天都会在放学后跑步回家，然后周末抽出一两个小时去爬山。不到几个月，表妹一千米的成绩从原来的四五分钟已经缩短到了三分零九秒,而且在暑假时,她还坚持要求去体校参加集训,虽然后来晒得又黑又瘦,但她体能明显开始优于其他同龄的学生。

  在那个寒冷的夜晚,她用笔写下了自己的理想,这是她人生中最重要的选择之一。她厘清未来的道路之后,再用她的方式,一步一步,慢慢接近自己的人生目标,从最初的提升体能,到后面的学业进步,所有人都能看见她的成长与变化。相信只要她继续这样努力走下自己的路途,生命会因磨砺而变得更坚忍,终将到达她追寻的辉煌彼岸。

青春时的努力是为了未来更好的生活

> 努力用自己的执着，信心，智慧打磨出一个绚丽的人生。

不知道是幸还是不幸，认识的几个好友，一个个活得越来越像人们口中的白富美了，让我这个年岁最大的"老大难"，有些无颜见几位故人。

其中年纪最小的西西，今年只有25岁，前年写的一本畅销书，销量跨过了十万本的大关；最近刚写的新书也早已与出版社订下合同，不久就会出版上市，可谓是年少得意。就在我挑灯码下这篇文章的时候，她正一个人在西安旅游，原因是她怀念那里的肉夹馍了。于是，她便当夜就购买了一张机票，飞过去回忆一下大学时光中最留恋的美食。这会儿大半夜的她还在朋友圈里秀着西安的种种美食，最"拉仇恨"的是还写道："其实这里的肉夹馍只是肉多一点，汤香一点，皮脆一点，真的没什么了不起啦……"看得人口水直流，种种想痛扁她之心。

另外一位小南，今年也不到三十，刚成功售出一本小说的影视改编权。这会儿人家正准备带着老公，抱着孩子出国旅游。而且她平时在家里基本不用做什么家务，一切都有老公打理好。可谓是，只负责美丽如花。问她为什么可以活得这么悠然，不用像其他刚生孩子的女人，因为孩子憔悴得不成人形。原因很简单，她码字需要安静，所以她请了一个保姆阿姨帮着老公一起照顾孩子。至于她老公为什么能忍受她这样不照顾家务的行为，因为她可是实打实地一直在捧着热腾腾的稿费回家呀！而老公收入微薄，也乐得在其他家庭事务上多付出。

还有一位与我同岁的阿北，正准备在中山市买一栋临海的独立小别墅，方便自己偶尔过去小住散心，顺便吃海鲜。

　　反观自己，朝九晚六，天天几点一线，为了生活四处奔忙。有时候真觉得她们这样才叫生活。我想其实每一个人都会有一颗任性的心，希望把生活过成自己向往的样子。而每个人向往的生活，多数都是自己达不到的。因为达不到，所以才会一直向往。有些人通过自己的努力，像上面的西、南、北一样通过自己的努力，活成了自己向往的人生。但大部份人都像我一样都输给了现实。

　　我也想去旅游，我也想去广东吃最新鲜的海鲜。最好还能在三亚有栋自己的小房，每年最冷的那几个月可以什么也不干，带着家人在三亚舒服地晒着太阳，一起欢度春节。
　　我更喜欢可以每天安安静静写我喜欢的文字，画我喜欢的画，做我喜欢的工作。
　　可是我每天都必须到单位上班。在那里一定得听着单位里的那些大姐们一起讨论，各种我觉得十分无聊的话题，比如：
　　今天，我打麻雀（麻将）赢了多少番。明天，张家的女儿又找了一个有钱的男朋友。后天，李家那个硕士女儿只怕是嫁不出去了……早知道这样，当年不如跟了我弟弟，虽然说学历低点,但最少有单位呀……她硕士怎么了,现在还不是在外面打工等等。

　　每天我的青春,我的生命,就是在这样无聊的话题里消磨着。无奈而又让人不得不继续,因为这是我选择的人生。工作中同事的话题虽然无聊,可是这份工作却是我喜欢的。每天整理着档案室里的文字,翻过去,不过几页,能看见的却是人世百态。

　　而且这份工作正在供养着我的生活,如果我放弃这份工作,可能我立刻会潦倒无比。一个如果连生活都没有保障的人,是不可能悠闲的去做自己喜欢的事,比如就像我们同事的儿子小张,他最希望的是有一家自己的店。可是现在他每天不得不四处去推销一些劣质产品,以谋求生活来源。有时,我一到公司,小张就过来推销产品。我的那位同事说他家小张现在是这公司的经理,做的产品有多么多么响亮之类的。我沉默不语。这种对外宣传是直复营销,其实类似传销的模式,人人都是产品经理。

　　对于小张的成长史,我也听过不少。

　　小时候小张成绩很好,初中的时候考试都是全班前三名,最差的一次也是全班第六名。

　　不过,现在的小张每天都在狭小而潮湿的租住房里工作,他的小房子既是卧室,也是仓库,更是工作间。小张每天稍得空闲就四处去推销自己的产品，有时候甚至要靠父母的面子为他去要生意，才能开张。

不得不说小张还是很努力的，他在找生意之外，还开了一家淘宝店。他每天都白天拎着一个购物袋，里面装着样品，四处去销售。

像今天这样，他跟着家人来单位推销还是好的。更多的时候，小张是一个小区、一个小区地去敲门推销。有几次还因为行迹鬼祟，被小区的保安带到了公安局。而每天晚上，他回家以后也不能休息，需要将网店客户订购的商品打包起来，方便快递第二天一早来取走。

每天都处在这样疲惫的状况下，他有时候也会自嘲地说自己成功当上了CEO，当然，是一家自己开设的淘宝店CEO。至于想要迎娶的白富美，暂时还不知道在何处。每天到了晚上，忙完了所有的工作，小张会先抽一根烟。

有时候在袅袅烟雾中，小张也会回想一下过往：小张是独生子，过去也一直是父母的骄傲，成绩优秀，学习上进，可是因为中学时，父母关系出现裂痕，母亲为了再婚丈夫的要求，准备再生一个小孩子，当时的情况不方便小张跟随在侧。所以小张只能无奈地跟着亲生父亲一起到了有"世界工厂"之称的二线城市生活。

太多外来务工人口的流动，给这个城市带来了异常繁华，使这样一个小城里充满了形形色色的诱惑。最初的时候，小张还能保持过去的好习惯，每天努力上学。可好景不长，小张初中毕业后的那个暑假，他父亲因为工作不顺心，收入减少，只能带着他迁往了郊区。假期中无所事事的小张，每天就游荡在街头巷口与小伙伴们玩耍，也因此结识了一位早已退学打工的王哥。

王哥人很豪气，时常请小张去网吧上网，教小张打游戏，有时候还请小张吃些街边小吃，很快两人就亲如兄弟。

小张更对王哥能随时拿钱去上网十分羡慕，对王哥描述的那些打工的美好生活，还有可以随意花的大把的钞票，充满了憧憬。

可惜好景不长，很快开学了，小张只能带着对王哥的恋恋不舍，回到了学校。

因为家离学校比较远，加上高中学习比较紧张，所以小张的父亲为他选择了住宿就读。小张是家中独子，加上以前成绩又十分优秀，所以不擅长处理个人卫生，也有很多不好的生活习惯。过去在家中的时候，家人都会顾念他还小，一再忍让与照顾他。

可是在学校里，每一个住校的孩子都是家长手心里捧着长大的，自然不可能有谁让谁之说了。

任性而为的小张很快感觉自己被孤立起来,室友们都不喜欢他,而班主任也多次找他谈话,话里话外都在暗示他要懂得与同学友好相处。

他觉得有人向班主任告状了,可是却不知道是哪位同学,因为每个室友,几乎都与他发生过争执,那段岁月,小张觉得十分痛苦,学习成绩也一落千丈。

后来他因为与室友发生了争执,任性地选择了退学。

父母多番劝阻,可是小张就是听不进任何话语,最后还为此与父亲发生了肢体冲突。当看见被自己推倒在地的老父亲,小张第一次有了些畏缩,但他选择了一条错误的路——落荒而逃。

父亲与他置气之下并没有及时寻找小张。加上当时小张的父母关系紧张,内心充满了对家庭不满的负能量,所以他冲动中任性地跟随自己暑假认识的王哥前往北京打工。

一个初中毕业生在北京能有什么样的生活呢?王哥带着小张在工地上做小工,因为小张年岁太小,最初的时候工头并不愿意接纳他,可是那时候小张并不敢回家乡,只能苦苦哀求工头。

终于因为王哥的游说,小张可以留在了工地为大家做饭,在那里每天高强度的工作,他们除了干活,就是休息。小张稍有不对,便会遇上老工友们的呵斥与怒骂,生活环境更是十分恶劣。夜晚睡在工棚里听着此起彼落的呼噜声,小张心里隐隐有些后悔。

可是他那时候没有手机，也没有电话，他不知道怎么样与家人联系。终于有一次，他鼓起勇气，借了工头的手机打了一个电话回家，父亲一接起电话，他便听到父亲的身侧，有个女人的声音在嘀咕："你那个不争气的儿子，你就别管了吧。"

小张知道那个女人是父亲的情人，便把电话挂断了。可小张的父母并没有放弃，他们之后用过各种方法想要联系上小张。因为两位老人虽然分开了，但他们同样都是真正爱着小张的人。他们不愿意小张放弃学习。可是种种生活里的阴差阳错，小张与父母一直没有机会做一个好的沟通。

那年的小张刚过十六岁生日。十年，整整十年，他辗转不同的工地，从最初的给大家烧饭，发展到后面开始担沙、挑水泥。中间他想过要回家，可是每当想起父母对他的失望与不满，还有冷漠，小张就是不愿意回家。

他最黄金的十年青春，没有好好学习，没有去充实自己需要的技能，只是在工地上与工友们斗勇争胜。最后，终因为在北京与工友冲突的时候，打伤了人，而被公安机关刑拘了十五天。

在收到公安机关的通知以后，他的父母一起赶往北京将他接了回来。可是父母都已经另组成了家庭，小张又这么大了，他的去留成了两位老人的心病。

后来他们只能一起给他在老家棚户区租了一间老的居屋，虽然有些狭小而潮湿，但却十分便宜。但他的工作却成了老大难，一个初中毕业生，没有任何手艺，实在不知道能让他做什么好。最初小张希望两位老人一人出点钱给他开个小饭馆，毕竟小张一直在工地做饭，多少还是有点手艺的，不说当大厨，开个小饭馆还是可以的。可是因为资金的原因，这个想法只能流产了。

后来，他看到朋友圈里转发的微营销，就筹了五千元购买了产品，开始进行推销。一直到现在，快半年了，小张投入的五千元成本还没赚回来，更不要说赚够钱开他理想中的小饭馆了。

有时候他来单位闲坐的时候，我也会问问小张，有没有后悔过太早失学？小张比较沉默，只是一根接一根地抽烟。他没说话，但是我在他眼里看到了悔意。

现在的小张还很年轻，不过26岁。他比开篇说的西西只大一岁，可是他们的人生却是天差地别，西西去西安的一张机票，比小张努力一个月赚到的利润还要多。

西西，她的行为不可谓不任性，为了一个肉夹馍就冲到了西安。可是她在西安拍摄了大量美丽的照片，还有写出了许多优美的文字，很快被旅游杂志看中，赚来的稿费足够报销她这次行程的一切开支。像她这般努力按自己的想法，把生活过成自己需要的，这样的任性而为，才是每个人想要的。

当然西西的成就也不是天生注定的，她也是一步步走过来的。最初认识西西的时候，她才刚开始写书，第一本书交上去，编辑说了一句不是很好。她立时要求把已经交上的十二万字，全部作废了，重写一遍。编辑劝她说，算了吧，八号就到截稿日了，而那时候已经是二号了，西西微笑地说："放心，我会搞定的。"

那时候她正在被父母逼婚，为了反抗，一个人拖着行礼箱寄住在小旅馆里，她的心情也是极差的，但她还是咬着牙每天在宾馆里码出两万字以上，如期交稿了。编辑从此非常欣赏她的勤奋，时常向她约稿。她的约稿越来越多，书的质量越来越好，很快西西就成为一位畅销书作者。

小张其实也很勤奋，在西西努力读书奋力写书的时候，他正在承受着一天十几个小时的超高强度的工作，他也没叫苦，没叫累，也没有因为这些，放弃工作跑回家。甚至小张也想过要去学门技术，可是很多认证考试的入门要求也是大专以上学历才可以报考，他连高中也没上，慢慢的也就渐渐灰了心。

加上这次他与工友打架，虽然他打伤了工友，但自己右手也被打骨折了，现在伤好以后，右手总会不自觉地颤抖。他就是想学些精密的技术，比如修手机什么之类的，这些对学历要求低些的技术也不可能做好。有时候他的母亲，也就是我们的同事，也会在单位抹抹泪，觉得自己害了孩子，这么聪明的一个娃娃，现在怎么把日子过成这样了。

其实没有谁害谁，辍学是他自己选择的路。在漫漫人生路上，很多时候就是这样，一个小小的选择，影响的将是未来十年，甚至二十年的生活，所以我们要好好活，把青春与任性的坚持投注在美好的事情上，这样才能不浪费自己的人生，才不会后悔，才能如西西一样，靠自己的努力，用自己地执着、信心、智慧打磨出一个绚丽的人生。

第二辑
你的自负和骄傲要配得上你的努力和用心

只有从今天做起,努力磨炼自己,才能成就未来的幸福人生!

你的自负和骄傲要配得上你的努力和用心

自负和骄傲要配得上你的努力和用心,自负和骄傲不可以盲目,否则必然会被其捂上双眼,因迷失方向而摔跟头。

很多人有时会因为一时成功而变得骄傲与自负,把暂时的胜利当作永久的胜利,自认为天下无敌,盲目自满,只看到自己的长处,看不到自己的短处,过分地夸大了自己的能力。

这样的人通常会惹来周围人的不满,就像我们同事中的一个小伙子小陈，他读书的时候是有名的才子，名校硕士毕业，自认为待在我们这样的小单位里是屈才了。当然他也确实有自己的本事，英语八级，还是注册会计师。

因为学历过硬，又有一系列的证书，小陈在单位里常常表现出过人一等的优越感。可因为是新人，他的工作只是做些报表的简单统计。可他却因为自负，看不上这种小活计，所以工作十分不用心，时常拖拖拉拉不到最后一天不赶工。而且他认为这样的小事，绝不会出错，上交的报表也从来不检查。因为这种态度，这些在小陈看来小活计，他干得却并不十分出色，时常有些错漏。

小陈这样自负，却没有与之匹配的过人工作表现。慢慢大家都觉得他是眼高手低，不好相处。而小陈又比较骄傲，不愿意拉下身段迁就大家，所以在工作中与同事的相处十分不融洽。很快单位里有一个去上级单位学习的机会。所有人都明白这样的学习，通常意味着以后更有提升的机会，单位里的年轻人都想争上一争。而小陈更是自负地认为凭他的学历，还有过硬的技术，这机会必然是他的囊中之物。但出乎大家意料，领导让一位才来的实习生去参加了学习。

小陈本来就是一个十分自负与骄傲的人，他感觉领导这样做就是硬生生地打了他一计耳光。他立时心态更加失衡了，工作的时候变得十分马虎，让他六号交的报表，拖到十几号还没交上来，很快单位里的人都对他的行为愈加不满。

发生了这样的事，小陈没有想过从自己身上反省原因，更没有通过自己的努力和用心让大家看到他实在的才华。只会由着自己的自负与任性在那里耍脾气。最后领导当众严肃地批评小陈，并且告诉他，其实他原本一直是单位里想要重点培养的好苗子，但现在他让大家很失望。

听见领导的训诉以后，小陈沉默了，他觉得有些委屈，想要反驳。可是看着领导严肃的表情，小陈最终还是什么也没敢说，只是带着几分赌气的心思请了几天假。

拿到假条的那一刻，在小陈的心里，不无恶意地想：看我不在了，你们这些人谁能做好那些表格。

甚至小陈还把自己已经整理好的材料，没有交接给同事。他希望领导能发现，没有他在的时候，那些表格不会自己填好，那些材料也不会那么快整理好。他甚至还抱着幻想，等到大家都发现他有多重要的时候，他再把材料拿出来。

可是，这一切只是小陈自己的幻想，请了几天假，单位没有一个人打过电话询问小陈有关工作上的业务知识。反而是小陈的父母很快发现了孩子的心态上的不妥。通过一番旁敲侧击，两位老人很快明白了小陈的心结。

趁着假期，小陈的父亲——陈叔带着小陈去自己家的菜地里，让小陈给他帮帮忙。

小陈大学毕业后，还是第一次跟着父亲下菜地。沿路过走农田间的小道，身处在一片片绿茵中，呼吸着清新的空气，小陈的心境也渐渐平静了些。

在路上，小陈才知道：之前为了供他上大学，大部份的好地，都被陈叔租给别人了。现在他们家的菜地只有一块在村后竹林边上。两人走好半天才到了目的地。

看着地里的几颗青菜有些发黄。陈叔看了看，拿出锄头一边犁地，一边对小陈说道：你也过来帮帮忙，把这地下的竹子根都锄出来，要不菜长不好。

地面看着一片平坦，可是陈叔三锄两锄下去就挖出了一堆根茎错杂的竹根。小陈想起，以前在书上看过——毛竹在种植期前五年，在地表外几乎丝毫不长，可是却会把根须发展到周围一大片地里，悄悄地"侵占"周围其他植物的根系发展空间，使它们无法获得生长所必需的水份及养料。自己家地里的菜长得不好，都是毛竹在搞鬼的原因。

陈叔看着发愣的小陈，继续说道：这竹子呀，就是太霸道，太骄傲，总以为自己以后能长得高，长得壮实就了不起了，抢占了大片地的养份。虽说，长大以后这竹子能干的事不少，能做家具，能做地板，比这菜值钱。可是现在它还没长起来呢，一点绿杆都没冒出头，一点效益都不能创造，还这么不能与大家和平共处，让其他的菜都不能好好长，那我只能锄了它呀。你说，这样总被锄来锄去，以后这竹子还能有机会再长大长高嘛？"

听到这里，小陈有些品过味来了，这次田地之行，是父亲特意给自己上的一堂课呀。

就是在告诫他：你就像这竹子一样，在你没有能力向别人证明你能成材之前，如果只会自负骄傲，像竹子去强占菜地里的养份的那样，那换来的只能是菜农一把锄头犁个干净。所以，在自负骄傲之前，你必须让自己变得更强大更有用。

或许等你真的强大了，你会发现原先那自负的心态已经消失，那些骄傲的举止根本略显俗气。

每个人都有得意之时，每个人都有机会获得某种成功。但是这并不意味着你真得很牛了，也许只是机遇，也许你还没有发现自己的短板。要淡然面对自己的成功，不要把一时的成功当作永久的丰碑！因为一时的成功说明不了什么，人生的路很长，也许下一刻就遇上了解决不了的难题。

小陈看着父亲意味深长的眼神，默默地点了点头，第二天就回单位上班去了。

从那时候开始,他像变了一个人似的,对大家都恭敬客气。对前辈们的经验也能虚心学习,对工作职权内要做的"小活计"那怕是最简单的流水报表,也会认真复核过后,再交上去。对于他的改变,大家有目共睹,看见小陈如此上进,单位里的同事们也开始与小陈交换看法讨论问题。老同事们的经验,与小陈的专业知识,互相验证,双方共同进步,很快小陈所在的科室就被单位里的其他同事戏称为:"技术尖子班。"而小陈更是成了单位技术骨干。

现在小陈在单位来的第六年,已经正式提升为所在科室的副科长,成为了单位里最年轻的基层领导干部。此时如果有人再提起小陈刚来时的骄傲与自负,旁边的人马上会笑着打断道:骄傲自负?那是自然的嘛,谁让人家有本事呢。

这不是大家势力眼,只是如果你不能证明自己的才华,你又有什么资格在别人面前自负或是骄傲呢?

一个人可以自负,也可以傲娇,但是你得努力用心去让别人看到你的优秀,不然你就成了大家的笑柄,你会感到社会充满了恶意。

这,真不是危言耸听。就如故事里的小陈一般,同样的一个人,在他没有努力和用心证明自己的实力之前,他只觉得生活里处处都是对他的不公，应该属于他的进修机会让新来的实习生抢走了。没有人为他说话，领导对他只有训骂。可是在他证明自己以后，如果还有人再提起他的自负或是骄傲，不用他自己为自己辩解，自然会有崇拜他能力的人，去为他辩解。这些都是他过去努力和用心证明自己才华换来的尊重。

今天磨炼自己，将来才能成就自己

毕竟幸福不会从天而降，你七岁不努力学习，十七岁没有努力考大学，二十七岁没有努力工作或是创业，你能指望自己在三十七岁的时候食禄丰厚，生活无忧嘛？！

一提到磨炼自己，大家就会想到这样一段话："舜发于畎亩之中，傅说举于版筑之间，胶鬲举于鱼盐之中，管夷吾举于士，孙叔敖举于海，百里奚举于市。故天将降大任于是人也，必先苦其心志，劳其筋骨，饿其体肤，空乏其身，行拂乱其所为，所以动心忍性，曾益其所不能。"

　　这段话很激励人，而且有一种积极的宿命论观点，让人觉得自己接受种种考验是因为上天有意磨炼自己，将来会"降大任"。其实，这是不是上天的意思呢？我们不得而知。不过，不论什么事，要取得成功，必然要先遭遇一番磨炼。就连如何嫁一个喜欢的人都是需要下功夫，需要磨炼。

　　要想嫁一个自己喜欢的，你首先得努力让自己喜欢自己。

　　我就认识一个姑娘叫迟迟，嫁了一个十分优秀的男人，婚后非常幸福。迟迟的老公原来是世界五百强企业高管，毕业于世界名校滑铁卢大学，长得高大帅气，对迟迟格外疼惜。逢年过节，纪念日常能见到迟迟收获惊喜。

　　大家是不是觉得很羡慕？认为听到了灰姑娘的故事，其实世上很少能出现真实的灰姑娘。能配上这样的老公，是因为迟迟本人也非常优秀。迟迟不到三十，便已经有了属于自己的公司。老公婚后辞职为她打理公司，两人齐心协力，现在已经将迟迟原本只有十几人的小公司发展成了有近两百人的中型企业，小日子更是过得红红火火。

　　我曾经和迟迟聊过，她一生中没有什么特别远大的志向，只是希望能嫁一个对自己好的男人，有一个幸福的家庭。

说起这个，迟迟双眼明亮的看着我说道：我要想找一个好男人，那我首先要能配得上他吧？如果我自己太差了，怎么有机会接触好男人呢？就算有，人家又凭什么会喜欢我？

所以她一直为了成就这个她所谓的小目标而努力。为此，她二十六岁硕士毕业前便已经开始创业，虽然是小打小闹，但也能让她生活得优雅精致。用她的话说：女人一定要能供得起自己的开销，因为有钱的时候，男人为你花钱，你愿意用，那是给男人脸面。如果没钱的时候，想花男人钱，那就成了占便宜，心理感受完全不一样。

出于这样的心态，迟迟一直在努力生活，除了考到了名校学位兼创业办了个小公司，还抽空报考了注册会计师，助理工程师。所以遇上她从滑铁卢大学留学归来的优秀老公时，迟迟的光芒丝毫不逊色。反而是迟迟的老公时常感叹自己遇上迟迟是一种幸运，怎么敢不疼惜她如命？迟迟用了二十六年的时间将自己磨炼得闪闪发光，只为变成自己喜欢的人，成就一份自己向往的生活。而这样的女子，也绝不会缺少优秀的追求者。

相反，我见到过很多年近三十还没有嫁人的姑娘，一直在感叹自己要求也不高，为什么一直没有嫁出去呢。我想说的是，确实要求也不高，只是如果让你交换角色，你是一个男人，还愿意娶一个与你一样的女人嘛？

如果，你自己都觉得怎么会娶这样的呢？！当然要温柔、貌美……

如果你愿意，那说明做女人你是成功的，最少自己不会嫌弃。

而且女人一般找男人，是要找一个各方面条件都比自己好点的。如果你作为男人愿意，说明你经过努力，把自己打磨得不错了，最少比现在的你过得好，甚至是你心目中渴望嫁的样子。

如果你不去努力，作为男人也不喜欢现在的自己，可想而知你能嫁的男人是比你现在条件更差的人。所以说不愿意靠自我磨炼来改变一切，反而寄希望在婚姻上来改变命运，是不可取的。

在我看来，迟迟的幸福不是偶然，不是好命，不是运气，她的一切都源于对自己的磨炼以及坚持不懈的努力。迟迟在读书时就一直勤勤恳恳。但她的学习也不是一直顺风顺水，之前英语一直是她的弱项。高中的时候她英语还时常不及格，为了能让自己考上一个好的大学，她统计了一下，高考英语试卷涉及的单词量是3500个。于是，她在高中三年级的时候，把这3500个单词来回抄了不下百遍。高考的时候迟迟英语拿到高分。

而进大学考四级时，单词量涨到了4500个。一般情况下大二就会考四级，也就是说两年时间要多背1000个单词。大三时考六级，六级词汇量6600个，又要多背2100个单词。我国现行的研究生招生考试的单词量只有5500个，遗憾的是其中很多单词和六级单词不是重合的。也就是说，在大四上学期结束时考研，就意味着又要重新去记一遍单词。在大家里大家都放松去玩，去恋爱的时候，迟迟如苦修僧一样刻苦学习，她每天像高中生一样天天背单词、做题。结果是她考上了名校的硕士研究生，在那里接触到了她后来创业时需要的人脉关系，和知识储备。从此她就这样一步步走向了成功。

如果迟迟放松一点，可能当年她就不能成功考入大学，人生也会因此而改写，正因为迟迟一直这样努力磨炼自己，所以现在她可以过上大家都羡慕的生活。

毕竟幸福不会从天而降，你七岁不努力学习，十七岁没有努力考大学，二十七岁没有努力工作或是创业，你能指望自己在三十七岁的时候食禄丰厚，生活无忧嘛？！

所以只有从今天做起，努力磨炼自己，才能成就未来的幸福人生！

/ 你的任性必须配得上你的本事 /

你若不勇敢，谁替你坚强

勇敢面对挑战、努力不懈的人，虽然最初有些辛苦，最后都过上了让人羡慕的生活。

大家可能都差不多，最后人生的差距却很大。主要的原因是没有把握好机会。很多人在机会到来的时候，胆怯了，心虚了，乱了方寸，不敢勇敢去迎接挑战，最后只能唉声叹气遗憾终身。

为了自己的人生去勇敢是你自己的事情。

我相信，我们的身边有很多因为当初的不勇敢，最后生活过得不如意的人。

在我的朋友中，就曾有过这样的例子。

几年前，我们同班大学生有半数参加了考研，可是最终能考上心目中理想的重点高校研究生的同学却只有两人，一位是同学小李，一位是小王，因为本科专业相同，两人十分巧合地考上同一所大学，最后还机缘巧合地跟同一位导师学习。

那时候，他们两个人可以算得上是我们同学里品学兼优的典型。毕竟，就算到了今天，硕士研究生一年录取的人数也不多，更别提被重点高校录取了。在我们这一群没能如愿考上研究生的失败者眼里，他们两人可以说是正经的天之骄子。大家都相信，他们毕业以后，很容易就能找到称心如意的工作。

小李和小王也都十分上进，刚进入研究生学习不久，小李就写出了不错的专业性论文，并在行业权威杂志上刊出，成为学校有名的"笔杆子"。而小王也不弱，多次代表学校参加了高校公开辩论赛，从中也取得不错的成绩，可以说是"一时瑜亮"。不过，由于两人的生活背景不同，对知识的理解也有细微差异，导致两人在学习生活中的侧重点不同。所以虽然两位都是大才子，但还是各有所长，也各有所短。

论文章才气、谈吐和为人处世，小李都要更胜一筹。加上他出生在省会城市，家里环境也算中上。在考大学之前，还曾经在国外修学过几年，外语流利，更见识过些大场面。所以与人交流，落落大方，谈吐得宜。而小王是从农村考出来的穷孩子，很多时候并不太会做人。在辩论赛里又总是担任主辩手，说话习惯咄咄逼人，抓着别人的一点错处，来回纠正。在生活里他也保留着辩论赛的习惯，喜欢纠正别人的错误，甚至有时候发现导师出错，也会认真地论个输赢，分个对错。这样自然时常会让导师下不来台。不过，好在导师自己也是读书人，理解小王这种对学习的执着精神，并没有太在意。只是在有意无意间，更看重小李一些。

很快，临近毕业，有一所国内知名企业来院校招聘。其中有一个岗位各外引人注目，该公司刚从国外的一家世界五百强企业高薪礼聘了一位副总裁。现在需要有一个人担任这位外籍副总的翻译以及文案助手。薪资开得不低，可是试用期的条约却非常苛刻，大家都知道这活并不容易承担下来。大部分人都认为，恐怕也只有小李这样的好"笔杆子"可以胜任了。那么，谁会去呢？

舆论普遍认为是小李会去。在招聘人员向导师询问有无合适人选推荐时，导师也这么想：毕竟小李在国外生活过几年，外语基础扎实，写东西也比较靠谱，推荐过去至少不会太露怯。左右看来，这个位置，都是非小李莫属了。

可是，小李怎么想呢？他已经抽空参加了自己家乡当年某事业单位招聘考核，因为学习优秀，已经拿到面试通知，只是因为还没有完全敲定，所以不曾告诉同学与导师。现在有了这样一个机会，他就犯嘀咕了，如果去老家的事业单位工作很安稳，在那里有自己的亲人还有从小一起成长的朋友，里外都算有些照应，而去这个企业呢？虽说薪资高，可是工作的地点在上海。考虑到自己在大都市里举目无亲，小李琢磨着就是多赚的那点钱，还不够吃饭租房的。另外这位副总裁还总是跳槽，指不定哪天就不干了，到时候他个特助又该何去何从呢？小李左右思量，发现这工作可以说是忙前忙后可能还不落好，保不齐哪天就被撵出来了，到时候错过了事业单位的报到不说，还可能成为同学们眼里的笑话。

瞻前顾后的小李在导师找他谈话时就表示自己没有勇气去迎接这个挑战，还是想回原籍工作。这样一来，导师也就不好再多劝什么了。

相反，小王年轻气盛，早就想混出个人样给家里人看看。听说有这样的机会，他主动找到导师，请求他为自己写推荐信，一再表示有信心把工作干好。

两人谈话完毕，导师便给小王写了推荐信。毕竟小李没勇气去，而小王想去，那就让小王去吧。虽然在导师的心里，还是认为小李更适合些，可是俗话说："强扭的瓜不甜"。没勇气去承担压力的人，强劝他去做，必然让他心里拧个疙瘩，事情也不一定做得好，又何苦呢？

这样一来，尘埃落定。小王很快就到公司报到，成为这位新任副总裁的特别助理。这位副总裁过去一直在加拿大生活，对中国国情并不十分了解，初到公司工作，难免有进退维谷的时候。好在小王初生牛犊不怕虎，有事没事跟副总裁聊天，有时候甚至会对副总裁的行为，提出一些建议。副总裁逐渐发现，自己身边这个特助是个人才，于是就对他越发倚重。副总裁在该企业的工作很快上手，而且确实做出了一番实际成果，将公司的品牌又推上了一个新的台阶。

仅仅一年后，在副总裁的强烈支持下，小王很快从特助升职为了运营副总监，薪资也翻了六倍。有了高额的薪水，三年后，小王便在上海新区购买了属于自己的一套错层式住宅，并把在农村种了一辈子地的父母接过来安享晚年。

就在小王混得如鱼得水的时候，小李在干什么呢？他进入了老家一个事业单位工作，拿着一个月两千出头的薪水，住着父母给他付过首期的两居室，正在为每月的房贷发愁。

因为缺乏勇气，小李选择了平淡一生；因为拥有勇气，小王选择了多彩人生。

现在毕业不过几年，小李刚年近三十，已经渐显出老态，而偶尔在报道中看见小王代表公司发言时，一脸的容光焕发。

事业上的挫败感，让小李更加渴望可以早日结婚安定下来，能有一个温暖的家，这样他也可以安慰一下自己与父母。人生嘛，平淡也是一种福气。

可惜在婚恋小李也因为缺少勇气没少吃亏，以至于到了现在，年过三十，还是独身一人。其实他在读研期间，同校有一个学妹宁宁对他极有好感。小李也曾私下向我们说过，宁宁长相美丽，又聪慧动人。眼看两人都互相有意思，大家都认为小李很快就会抱得美人归。可惜我们想错了，在毕业后两人也没能在一起。我曾私下询问小李原因，结果小李一脸尴尬地说出理由：原来这姑娘是北京本地人，而且家境不错，在北京拥有几套住房，他觉得自己一个外地小子高攀不上这样的"白富美"。

之后两人虽然还偶有联系，却只能相忘与江湖了。不过我们听说宁宁一直没有结婚的时候，总会暧昧地看着小李一眼，劝他赶紧去追，但小李总会表示他配不上，何必去碰壁。

结果前年这姑娘总算是结婚了，听闻她的老公十分普通，只是一个从外地漂来北京打工的小打工仔。得知这消息以后，小李神色微微有些发愣。

我们也十分好奇小李这样一个名校高才生都自愧配不上的

"白富美"宁宁究竟是怎么被一个我们看来各方面不如小李的人追上了。几经打听我们才知道，宁宁的老公小陈和大多数"北漂"相比，并没有什么太大的优势，他在民办大学读的自考，最后混了个专科文凭。这样的学历在北京连工作都不好找。所以小陈左右衡量之后，最终选择了到中关村站柜台——卖电脑。

如果没有与宁宁的婚事，可能小陈最终和大多数"北漂"一样，在北京漂泊数年，存了一点小钱，然后回老家自己做点小生意，靠着在北京节省下来的钱，在老家买个房成家立业。但最终与宁宁的婚事，改变了他的规划与人生。

那天，他正在柜台上忙活，宁宁正好电脑坏了，因为她还要赶制报表，便急匆匆地赶到中关村想要重新买一台电脑。但因为太晚了，不少柜台已经收拾下班了。她看见正在算帐的小陈，只能选择了在他的柜台上攒一台机。第一眼看见宁宁，小陈就对这个明慧漂亮的姑娘产生了好感，所以很用心地帮她凑齐了攒机需要的零件，但还没装好，便已经到了下班时间，保安都要关电了。宁宁只能无奈的表示明天再来提机，小陈看出她急用，便大胆提出，帮她送货上门。因为这次解了宁宁的燃眉之急，在按装好系统要离开时，小陈鼓起勇气向宁宁要求留QQ的时候，宁宁也就没好意思拒绝。

之后，宁宁看小陈服务态度好，攒机也很实在，不虚报价格，也不以次充好。于是，宁宁便有什么朋友攒机也带来找他，一来二去，两人就混得挺熟。

小陈早发现自己对宁宁有点动心。但是小陈担心自己是外地人，说白了什么也没有。看着一身名牌的宁宁，小陈也和小李一样不由寻思，人家能看上自己吗？就算她有意，想跟他谈恋爱，她家人能同意吗？思来想去，小陈都感觉希望渺茫。

思前想后了好几天，小陈决定还是要找机会表白。机会很快就来了，宁宁周末要去爬山，问他愿意不愿意一起去。周末是挣钱的好时候，客流量大，不过为了爱情，这次可以请假。

到了周末，宁宁让他开着小面包去接人，居然没有别人只有他们俩。车停到西山脚下，两人便有说有笑上山了。到这时，他还是有点胆怯，但是想到这里没有别人，怕什么丢脸呢？再说丢脸又有什么关系，做男人就是应该要坚强一点，受得起打击嘛，何况这里又没有什么外人，于是就在半山腰休息时，小陈鼓足了勇气，对宁宁表白了。

其实，宁宁早就知道他"有心"，并且宁宁对他也有好感，不然也不会单独跟他跑到外面来相处了。只不过，作为一个女生还是要有自己的矜持，所以如果他一直胆小，不勇敢表白，最后也还是会像小李一样与她失之交臂。那次登山以后，宁宁回到家便把两人的事告诉父母。不出意料，遭到家人的强烈反对。

宁宁的父亲见过他来帮宁宁修过几次电脑，对他的印象不好，一直就反对他们往来。理由是，学历不高，而且也不像上进的男人，在北京这样的城市，他这样的外来客，一点根基都没有，学历又差，一辈子都很难找到好工作。尤其现在，大学扩招，每年大学生都是一批一批地涌进北京淘金，那些硕士学士都找不到适合的工作，何况是他这种学历都没有的，能行吗？并且真正有能力的人都自己出去单干，而他还在电脑城里一个小摊位上混着，这样的男人，没前途的。最重要的是小陈卖电脑一个月只有两千几百块钱，养活自己都困难，有什么能力养活老婆孩子，女儿跟了他以后，绝对没有好日子过。

不仅父母，就连宁宁的几个闺密，也反对她嫁给小陈，理由和父母一样，说这样的男人谈谈恋爱可以，绝对不能当丈夫。

在这样的情况下，小陈感受到了巨大的良心压力，他有了些想要放弃的念头。可是宁宁却铁了心一般，不管谁劝，就是一句话：我就要跟他。

最终，所有人阻止都无济于事，宁宁意无反顾地从家里搬去了他租住的半地下室。这也似乎更证明了大家的猜测——他们两个是不会有好日子过的。

可事实却出乎所有人的意料，不久后小陈开始自己创业。因为没钱租铺，他选择了送货上门服务，在网上做起了基础的营销。有空的时候，就去偏远的社区发宣传单。因为开始创业艰难，有时候为了节省几块钱的车费，也为了能在路上多发些宣传单，他甚至会步行十几公里在几个社区之间奔走。每天他都奔波到晚上十点才回家，经常倒在床上，衣服不脱就睡着了。每次小陈累得睡着时，都是宁宁帮着脱下他的袜子，每次都能看见他的脚上布满了水疱，宁宁时常心疼地流下眼泪。

那时候的生活是艰苦的，很多人劝宁宁，"离开吧，趁着还年轻"。父母甚至用断绝关系来逼迫她离开小陈。可是，宁宁顶住了所有的压力，勇敢地坚持下来了。

几年后，小陈的事业总算走上正轨，业务渐渐多了起来，他们租上了自己的店铺，按揭买了新房。宁宁的父母也总算是接受了这么一个外来客当女婿。说起过去的辛苦，小陈都会自嘲地说，在北京生活是很艰难的，没有一点勇气真的坚持不下去。

可是这些都不能妨碍他们两人过上人人称羡的幸福生活。如果这份幸福，没有当初的勇于坚持，还能走到现在吗？小陈自己都觉得，他来北京之初过得太苦了，险些坚持不下去，正是因为宁宁对他的这份信任，愿意将一生交付于他，让他感到了一种责任，一种必须为了她去勇往向前，拼搏人生的责任。因为他是一个男人，而他最爱的宁宁为了他，背弃了家人朋友，把一生都赌给了他，宁宁这样的勇气让小陈已经没有退路，他不能也不想辜负她。此时，他若不勇敢，不努力，还有谁能替他坚强。

听到小陈与宁宁之间为了爱情这样勇敢拼搏的事迹，小李默默地抽了一根烟，没有再说什么，因为害怕失败，他一直缺少宁宁与小陈这样为了爱情，为了幸福生活不顾一切的勇气。所以他现在已经三十四岁，依然单身一人，依然只是单位的普通职员。虽然在外人眼里，小李条件并不差——名校硕士，国家事业单位工作。可是他却一直这样，遇上领导给他机会，要让他承担更大的项目，总会在犹豫中退缩，害怕失败以后会被同事耻笑。可惜，他不敢承担，有人抢着去承担。之后成就是别人的，荣誉是别人的，升迁的机会也是别人的。而个人生活方面也一样。他相亲无数，也曾遇上过几个自己喜欢的姑娘。可是他又总担心别人如果看不上他，会被中介人知道自己是人家留下的"落角货"，不敢表白，也不敢太过热烈的去追求。最后总是与这些女孩子失之交臂。现在过的生活还是让父母家人充满了担忧，一个月不到三千元的收入，负担着房贷以后，拿到手里不足一千二百元，连像样的衣服都穿不上，反观他同学里，朋友中勇敢挑战、不断努力的人，虽然最初有些辛苦，最后都过上了让人羡慕的生活。

这就是人生，当一次次机会来临的时候，如果你没有胆量去勇敢承担机遇可能出现的失败，也就永远不会有机会享受"它"带来的成功。

其实，在人生的道路上偶尔有一两次失败，并没有我们想象得那么可怕，完全没有必要因此而失去了挑战机会的勇气。小陈考大学失败了，没有考上一个像样的学校，找工作也不算成功，并没有得到体面的工作，可是人家一样靠自己的努力坚强的去挑战机会，去改变人生，去收获幸福。

因为我们的人生只能走一次，如果不能勇敢去挑战机会，坚强面对失败，又有谁能替我们走向成功？！

不想妥协，你就努力提高自己

你的人生有过不堪回首的低谷时期吗？你希望自己能够有一天出人头地吗？不想向命运妥协，唯有努力才能做到！

俗话说，强中自有强中手，一山更有一山高。无论你干什么，总会发现有很多人比你优秀。更可怕的是，这些优秀的人往往还比你更努力。想把事情干好，你必须付出更大的努力。如果你不想让自己就这么一事无成地混下去，那么你就努力提高自己吧！

很多有心上进的人，读书时认认真真，上班后仍然不忘努力提高自己。在勤恳工作的时候，也不忘了要么多考几个职业资格证，要么读自考或在职大学。这些做法，都是为了提升自己。

我们知道即便是最富裕地区的人，也有从事低薪工作的。而即便是最贫困地区的人，也有通过自己的努力达到令人满意的高度的。

说到这里，笔者想起一个熟识的朋友。他出生在乡村，从小就调皮捣蛋，也不爱读书，上高中时更是跟社会青年们一起瞎混。等到他十六岁那年，因为参与打群架，被公安机关逮捕，以故意伤害罪立案。经过家里多番主动赔偿，获得了受害者的书面谅解。检察院也念在他年龄还小，允许取保候审。

按照一般的情况，这孩子算是毁了，他已经被同学和朋友们看成了"劳改犯"，今后的日子怎么过，继续沦落下去吗？他的父亲想了一个特别的办法来磨炼他，把他送到内蒙古亲戚开的小吃店里去当学徒，并且告诉他，不混出个名堂就不要回家。

他的父亲的想法很简单，内蒙古民风彪悍，汉子都挺能打架，他去了那里还敢打架惹事？而且，在外地人生地不熟，也能让他少受些嘲笑白眼。

在上班以后，他在服务客人的过程中学会了换位思考、巧舌如簧，他以前那娇生惯养的脾气也被磨炼没了。

夜深人静时，他想起父亲说的话，想起自己在看守所里被惯犯鄙视挖苦的遭遇，便下定决心，想要混出个名堂。在小吃店里，他从不偷懒，干服务员，也干刀工，有事没事就请教大师傅怎么做菜。

三年以后，他招聘了一个大师傅，自己开了一家小吃店，忙里又忙外，创业的旅程从此展开。不料，由于经营不善等原因，小吃店不能为继，只有草草关门。

怎么办？回到别的小吃店去打工吗？不。他勇敢地到酒店应聘，从服务员领班做起，在酒店慢慢成长。又过了三年，整整离家六年，他成为那家酒店的副总经理，这才回家见父母。

当我认识他的时候，听他说在零下几十摄氏度的寒风里拉着板车进货，用结冰的水清洗小吃店地板的经历，就不禁感叹：人真的要不惧不怕，不向梦想妥协，经得住磨炼，才能一步步进步，取得惊人的成绩。其实，几乎所有人，都会有这样那样的不顺心，甚至于各种遭遇和灾难都不期而来，但无论如何，你不要放弃自己，不要向困难和厄运妥性。你努力最终能看到更好的自己。努力能让一贫如洗的人变成富翁，能让迷途的人找到正确的路，能让浪子洗头改面，能让你在多年之后感叹到无愧于人生。

行到艰难处,不要抱怨,更不要放弃

抱怨只会将好运赶跑,放弃则只会一事无成。

在父母的朋友中有一位李阿姨的女儿燕燕一直是个传奇人物,也就是家长们最爱提的"别人家的孩子"。小时候我听得最多的就是:燕燕考上北京的大学、燕燕得了高额奖学金、燕燕去日本留学了等等。

在我的生活里,燕燕这个词很长一段时间都是我最怕听到的词语之一。后来我才知道,她也只是在传奇里活得特别光辉,事实上在北京或是日本的岁月,燕燕过得并不好。但是她从来不抱怨,也没有放弃过努力,所以才得到今天的成就。说起这些的时候,燕燕半开玩笑的表示:因为报怨不仅会把好运赶走,还会把本来还想帮助你的人吓走。

其实燕燕的家庭环境并不好,父亲因为爱好赌博时常夜不归宿,母亲也就是李阿姨天天除了上班,还要帮别人做些手工活赚取微薄的收入贴补家用。因为这些,燕燕从小就格外懂事,学习从来不需要家人操心。

而考上大学以后,燕燕也希望能靠自己的能力减轻母亲的负担。刚去北京的时候,燕燕想过去肯德基做兼职等等工作,可是通过打听她才知道,一般这样的兼职服务员,人家只招聘北京户籍的人员。

很快一个月过去,这是燕燕第一次离开家里,她开始很想念家里的父母。那时候手机还没有现在这么时兴,而因为燕燕家里家境困难,连电话都没有装,她只能写封信,让家人安心。等待回信的日子是漫长而满怀期盼的,可当看到回信里父母的行文字句里都透着生活的艰难。燕燕的心里非常难过。她只能回信安慰父母:她拿到了奖学金,让他们不用太担心。

可是事实呢，燕燕当时什么工作都没有，而且父母给她的生活费早就捉襟见肘。很快又是一个月过去了，兼职与收入都没有一点眉目。但燕燕没有地方可以抱怨，更没有时间去怨天尤人。她为了让父母安心，已经不让他们再寄生活费过来了。因为她知道，自己别无选择，家里的经济早就不堪重负，不去抱怨，用微笑面对，就是因为生活还是要继续下去。

燕燕因为年岁小，又没有大学毕业，找兼职的时候连续碰壁，好不容易燕燕才找到了一份工作。这工作名称很好听叫教育顾问，最开始燕燕的想法很单纯：她基础不差，当一般孩子的家教肯定绰绰有余，而且与一群小孩子来往的生活应该是单纯而充满了乐趣的。

最开始的几天培训都是怎么教课，不是很难。然而当正式开始工作的时候，她才知道，原来教育顾问这个岗位其实还是兼职业务员。一个人的业绩好不好，薪水能拿多少全看教育顾问的业务能力——找学生的能力，找钱的能力。如果完不成任务，那么就会被劝退，也就是开除。

想到这遥遥无期的薪水，燕燕几乎不知道自己的前面的路还有多难走，可是她没有抱怨，更不能放弃，因为她知道只有坚持，才可以生活下去。便是在这样困顿的情况下，燕燕在电话里对父母微笑着说，她还好。

因为燕燕不需要家里寄生活费了，燕燕的父母用节俭下来的钱，装了一个座机电话，方便女儿与他们联系。

好在燕燕的辛勤付出总算是慢慢有了回报：学生家长们都很喜欢这个总是挂着微笑地顾问老师，当知道她还是一位名校生的时候，更是放心把孩子交给她教育。这种口碑的颂传，可比燕燕自己去街上发传单的效果好多了，她居然在月末的时候，勉强完成了任务，拿到了第一个月的薪水，之后每次回忆起那些年的岁月，燕燕自己都想不起来，她是怎么熬过来的。不过说起这些往事的时候，燕燕总会笑着说，其实也没有多难了，她运气很好，总会遇上贵人。

燕燕一路这样艰难地走过来，她从来不在任何人面前抱怨什么，因为没有意义。她从日本务工回国的时候，带着近百万存款。回国以后她在我们当地开设了一家小旅馆，并且建立了网络在线预订平台。

因为我们这里是旅游城市。开旅馆的市场前景还是十分火热的。但有一个问题开始变得至关重要，那就是燕燕过去从来没有从事过这个行业，她并不懂得客户们在离开家的时候，到底要住在什么样的地方才最满意。她最初想的只是，希望漂泊多年的自己回到家乡后有一份自己的事业，然后可以照顾父母。

但是，一旦开始去做就会发现很多问题，没法满足高标准的卫生要求，吃饭也是个难题……最后燕燕想到一个很人性化的广告，相对精致的住宿环境，她和房客们相处融洽的照片，这些都让人觉得在旅途中选择她的旅馆，将不仅解决住宿吃饭问题，还能得到当地人最地道的推荐与帮助。

可是装修旅馆，还有广告费都像流水一样把钱撒出去了，最艰难时，燕燕存款不到1万元，而当时那个月的员工薪水还没发，她几乎想哭了。

父母关切地问她：生意还好吗？要不要我们出去借点？

她怎么能忍心让年迈的老人出去帮她借钱呢？所以她依然没有抱怨，只是笑了笑，表示她一切都好。她也不可能放弃，因为一旦放弃，之前的投入就算白投了。

燕燕一家家旅行社地去拜访，希望能接来一些业务。描述当时的情形时，燕燕现在都会眼眶泛红。她还是运气很好的，因为最后她总算从旅行社拉来了第一批客人。但是已经到了发工资的时间，旅行社的客人还没有结算，钱还拿不到。她真的很害怕因为没发工资，所有的员工就会一甩手走了，那样她好不容易接来的客户就全打水漂了。那时候燕燕觉得自己快要崩溃了，但依旧微笑地请了所有员工吃饭，把困境告诉了大家，表示如果员工们要走，她也不会报怨任，会想办法把工资结算给大家，希望大家都能陪着她一起坚持下去，不要放弃她们一起建筑好的酒店。好在她的诚意打动了大家，员工们体谅了她，一切就这样慢慢走上正轨了。

燕燕从来不向人抱怨什么，也从来不说放弃，因为她没有退路。用她的话说，别人的退路是家，她的退路已经是长江了。如果她担不起这个家，父母为她读书背下的债务怎么办？所以在大家看见她的日子越过越好的时候，她脸上依旧那样谦逊地笑着，而过去她在日本艰难度日时，也曾经回国探过一次亲，当时她的脸上也是这样怯怯地笑。没有人知道那时候她才住在一个只有三平方米左右的隔断间里，房间里小的除了一张床外，想放个桌子都放不下。

有人说会笑的女人有福气，因为大家都喜欢她，愿意帮助她，自然会有好运，所以燕燕才成功了。

我觉得不是，燕燕的成功没有一点运气，都源于她自己的努力和坚持。大家喜欢她，是因为她不论多艰难时都会像一朵向阳花一样，坚强地盛开，从不抱怨，不轻言放弃。

任何苦难，都需要自己去面对

如果把所有的希望寄托在别人身上，最终只会收获失望与更大的伤害以及痛苦。

所谓苦难，是指那种会给人的心灵及身体带来巨大痛苦的事件和境遇。人生中充满了苦难，可是这一切，却也只能靠自己去面对。

因为没有人能真的懂得其他人的不幸。还记得以前看过一本书上写过一个女孩子的事迹,美国有个女孩,名叫戴安娜,她从小有一个心愿便是成为一名滑雪健将。为了达成这个心愿,她从五岁开始便一直在学习滑雪,本来一切都进行得很美好,可是意外的苦难在她十二岁时降临——医生宣布她得了骨癌,必须锯掉右腿!骨癌,还需要锯掉右腿!这样的噩耗传来,戴安娜第一反应是——那我最热爱的滑雪怎么办?谁都知道滑雪是一向对平衡要求很高的运动,一旦没有了右腿,还怎么保持好平衡呢?

然而,为了能活下去,戴安娜没有选择的余地,癌细胞在一天一天地扩散,如果再拖延下去,可能连生命也会失去。手术后,尽管只剩下一条腿,戴安娜并不气馁,她仍然勤练滑雪,更梦想自己能成为世界级的滑雪选手。所有人看见她摇摇晃晃地在那儿摆弄着滑雪器材的时候,都认为这是不可能完成的任务。

可是,戴安娜并没有被击倒,她依然极积地去练习。单脚滑雪,并不是件容易的事,因为必须训练很好的平衡感。戴安娜说,有一次快速滑下山坡时,滑倒了,她脚上的滑雪板被甩在七八十米外的山坡上。而装有小滑板来帮助平衡的两支雪杖、手套、风镜、帽子和假发,亦掉落四处。她光着头,瑟瑟地躺在雪地,欲哭无泪,因那时她还在做癌症化疗,真的头发早就掉光了。

可是戴安娜勇敢面对这一切,她摔倒时,还会故意笑着尖叫:"救命啊,我的腿摔没了!救命啊,完蛋啦!我的头发都掉光了!"

在大家看来的绝境里,戴安娜时常保持着这样的黑色幽默感,鼓励自己,即使摔倒了,也要勇敢地再爬起来!她认为,坚持是生命的荣耀,她要不断挑战自己、战胜恐惧,绝不被骨癌打败。

经过十多年的努力之后,她完全克服了滑雪的障碍,以一小时六十五英里的惊人速度滑下山坡,可是,噩运之神却仍不断盯着她!戴安娜在三十岁那年,又罹患了乳癌,医生无情地切除了她胸前的两个乳房。手术苏醒后,戴安娜忍不住哭泣,因为——已经切断一条腿,老天为什么又要拿走双乳?这公平吗?

然而,她又一次坦然面对生命,勇敢站了起来,因为她知道,除了自己,谁也没有办法帮助她恢复对生活的信心。医生可以尽力去治疗她身体上的疾病,可是却帮不了她去面对这些心灵上的伤痛。

后来戴安娜成为一名演讲家,她经常去向大家分享她痛苦的生活经历,劝慰大家,不论遇上多么大的苦难,其实没什么大不了的,因为这些都是你必须去面对的人生。当对听众谈起过去因乳癌而切除双乳时,她会笑着说:"嘿,那只不过是一对乳房而已。而且,它本来也并不怎么大嘛!"那时候全场莫不哄堂大笑！因为大家都不能体会戴安娜这句话背后的心酸与痛苦，也没有人会看见戴安娜在背后流过的眼泪。

　　人生就是这样，任何苦难，除了自己，没有其他人能够真正懂得。任何苦难，也都需要自己去面对。如果把所有的希望寄托在别人的同情或是帮助，最终只会收获失望与更大的伤害以及痛苦。

第三辑
你不努力就不知道自己有多优秀

面对困境与挑战,更要努力进取,而不是怨天尤人,永远记住——你要变成更美好的自己,才能够改变属于你的世界!

/你的任性必须配得上你的本事/

你不努力就不知道自己有多优秀

事实上是大部分的人还没有上升到需要拼智商、拼天赋的层面，只是拼努力，就已经输了。

"你不努力就不知道自己有多优秀！"这句话说起来掷地有声，充满了对自己的信心，可是又有几人真的能做到努力呢？事实上大部分的人还没有上升到需要拼智商、拼天赋的层面，只是拼努力，就已经输了。

我第一次听到这句话是一个偶然的机会。

当时我去家附近的一家饮料企业做业务员。在公司对新人的销售培训上，培训经理给我们讲了这么几段话：

"有人说做好销售的业务员，永远是最优秀的业务员，也有人说，销售不是人做的，是人才做的。

"业务员一般初入行的时候，是没有底薪的，或是极低的底薪，他们靠的是自己的努力拉来的业绩，才会有工资。在这个行业里，好一些的业务员拿到一两万一个月的薪水不在少数，有些特别优秀的业务员甚至能拿到三万五万一个月，可是更多的是因为拉不来业绩，连试用期都过不了，被行业淘汰的新人。

"对于刚走上社会不久的我看来，在那儿像另一个世界，没有学校里的谦和宁静，有的只是竞争、压力、挫折以及不懈地努力拼搏，当然同时也会有收获和成长。

"在这里你会发现，不逼自己一下，你永远不知道你有多少潜力没有发挥，永远不会明白为什么同样的事，别人能做得来，而你做不了。"

第一天培训会上他便只说了这么几段话，没有更多的给新人做什么讲解，就是拿着表格让所有新人去小区做市场调查，请求一个个路人为他们填表。

行色匆匆的路人，谁愿意做这样没有好处的事。出师不利，新人们便嘟着嘴说："别人搞这个都送餐巾纸什么的，我们为什么没有赠品？"

培训经理立马亲自上阵，一个个拉着人家来填表，然后开始教训新人，逼着他们学着一样做，不做的人就可以走了。培训经理告诉大家："其实生活，没有那么安逸，你不努力就不可能得到收获。而且这样一件事做起来并没有你们想得那么难，你们只是还缺了一点决心，只要你们逼自己一下，你们也一样能做到。做到以后，你们才会发现，你不努力，永远不知道，原来你可以如此优秀！"

很快，第一天过后，原本的三十多位新人，第二天只来了十一个，培训经理很淡定地继续带着所有人喊口号——你不努力不知道自己有多优秀！

然后培训经理告诉大家：

"生活有的时候就是这样，你不逼自己努力一下，你永远不知道自己有多大的能力没有发挥，你不努力，你永远不知道自己有多优秀。你不够优秀，你的人生就永远有解决不完的难题。一个人如果自己都不相信自己靠努力可以成功。有的人抱怨自己没有好的学历，所以只能来做销售。可是他没发现，很多拿着高薪的尖端销售人才都没有高学历。你们一边抱怨自己在一种负面而又没有希望的生活里,可是却又不愿意为自己的生活去努力,那么,你还期待别人对你能抱什么样的期盼呢!

"同样的学历,为什么有的优秀销售人才能一个月能拿到你几年都赚不到薪水,而你却还是只能拿着基础的一点底薪,你真的不羡慕吗?如果羡慕的话,为什么你不从现在开始努力去做呢?

"你不努力怎么知道你不行?你以一个什么样的心态去面对这件事,也决定你是否能成功。你们要转换思维去看待问题,不要觉得我逼得你们很痛苦,其实,这些都是上天给你的另一种形式的赏赐,你要转变好了这就是一份很好的阅历,转换不对,有些痛苦,你一辈子还会再经历!"

这十一个新人最终只有七个人坚持完成了最后的培训,而只有三个人坚持到了转正期,我也是离开的一员。

留下的这三个人,从最初一个月只有一单两单的业绩,成长到现在,一位已经升职成为经理,拿着不少于三万的月薪。

一位也在原公司努力着,虽然没有提升经理,却也是元老级人物,有着非常不错的业绩,一个月薪水均衡下来也在近两万左右。

还有一位,去了一家世界五百强公司担任销售经理,因为他的销售能力很强,是被猎头公司高薪挖墙脚过去,刚到公司便享受了公司配车的福利。

而我们离开的这些人中，其中大部分还混迹在普通业务员的岗位上，拿着一个月四千到六千的薪水。

如果这时还有人要问：为什么当初都在一个起点上，可是最后收获的人生却有这么大的不同，是因为智商嘛？有资料表明：大部分人的智商是相同的，都在90至115之间。

很显然不是。是因为努力不够，也没有去坚持。

所以说，你若果不满足现状，就请停止抱怨和幻想，去努力做自己该做的事情，坚持不要放弃，一定会有时来运转的时候。

遇到困难时多想想，别人能做到的，为什么我们不能呢？事实上是大部分的人还没有上升到需要拼智商、拼天赋的层面，只是拼努力，就已经输了。所以加油吧，没有经过努力，你永远不知道自己有多优秀！

你必须足够努力，
才能对过去不满意的自己说再见

你愿意成为一个混沌无知，被伤害以后，除了抱怨，再无力为自己做什么的人吗？

在我们大学同学里，果果算是一个异数，她是上海人，会跑到我们这个偏远地区的一类本科学院就读，原因肯定是因为高考分数实在太低——她的高考成绩低于全班平均分数60多分。

我们看来，果果完全只是占了地域优势才勉强考上一本，如果她留在上海本地就读，估计一本很够呛。不过，虽然有这么强的地域优势，可是在我就读四年期间，本校也只有她一个上海学生，所以果果显得无比特立独行，形单影只。

一直到有一天，她突然与我的老乡糖糖好上了，我才慢慢了解到，原来果果考到外省读大学，并不完全是因为分数的原因。

用她的话说：在阿拉上海人看来，宁可留在上海的二本，也不会有人愿意来这儿读一本的。说这话的时候，果果点了一根烟，开始慢慢讲述她的过往。

果果的父母是没有谈恋爱就结婚的。所以每次他们发生争吵时，父亲说得最多的就是他从来没有喜欢过果果的母亲。这句话，便是果果听来都十分刺耳，果果的母亲更是会歇斯底里。于是，她只能一个人坐在窗台上，等着他们吵完。可是因为传统思想，这两人谁也没想过要离婚，争吵不断地过了大半辈子。

果果的母亲是一个全职主妇，专职在家里伺候一家大大小小的起居生活，而父亲是一位生意人，事业发展得还算不错，但是对她与母亲缺少关心，只是在经济上尽量满足她们。所以在果果的记忆里她的家庭生活除了父母的争吵，就充满了母亲对生活的抱怨：抱怨她的父亲夜不归宿、抱怨她的父亲酒醉之后会家暴等等。

每次听到母亲声音刺耳地响起时，果果一直告诉自己，千万不能活成妈妈这样的女人。活成一个被生活折磨得心疲力竭，被男人的冷漠伤害到支离破碎，却无力为自己做一点改变的女人。

因为这样的家庭环境，所以果果从小就十分渴望被爱，在这样的情况下，她在高三的时候，因为网恋，喜欢上了一个社会上做服装生意的男人——阿林。

阿林比果果大五岁，高中毕业，他外来上海务工后，凭借自己的双手打拼出一片天地。当时已经在上海购置了房产。其间的辛苦自然很多，风餐雨宿，大雪送外卖，夜半去贩货。他一个人在异乡经营很是艰难，贩货的过程中经历过被偷5次，还有两次因为摆地摊被抓。历经艰难最后总算赚了些钱，开了家属于自己的服装店。

果果对阿林有近乎崇拜的尊敬，她最爱的是听阿林说些过往他一个人在外面闯荡的经历。

阿林对果果这么年轻又美丽的上海姑娘当然也抱有好感。他的成熟、他的过往的经历，都无一不让果果喜欢，而且他很懂得如何关爱女人，何况果果那时候十分单纯，很快便陷进爱情的大网之中了。

恋爱的滋味是甜蜜的，果果的心里满满都是这份甜蜜，哪里还会想到学习。很快她的成绩简直有些不堪入眼，在学校高三的第一次模拟考试时,她只考到了229分。

父母完全不敢相信,原本还算成绩中上的孩子,突然退步成这样,一怒之下,打了她。果果十分委屈地摔门而出,奔向了阿林的住处。阿林温柔地安慰了她,两人那天便跨过了最后的雷区。事后,阿林承诺会照顾她,养她一辈子。

在恋爱中的女人是盲目的,果果索性就不去上学了,天天待在阿林的屋子里,像个女主人一样学习着为他做饭,洗衣服,打理家务。

但果果哪里会这些?她自己还是一个孩子呢,做的菜不是咸了就是淡了,洗衣服也只会用洗衣机,常常把阿林一些名贵的真丝衣物,洗得脱丝。

最初的时候,阿林对她的这些小失误,只是笑笑。但初期的甜蜜很快过去,两人的矛盾开始越来越多,有一天洗衣机坏了,果果从洗衣机里拿出阿林的衣服,正打算用手洗的时候,肥皂水流了一地,果果脚下一滑,摔倒在了卫生间里。

剧痛袭来,果果下意识地向阿林求助,可是阿林却不耐烦地摁掉了她的电话。她想再打,但右手冷得一直发抖,手机也掉进了肥皂水里,再捡起来的时候,已经不能开机了。无奈之下果果只能在冰冷的卫生间里躺着等阿林回来。在等待的过程中,她发现有血顺着自己的小腿流下来,而且越流越多。睡在一地的血水里，果果感到全身发冷，也对阿林越来越怨恨。她开始想起这个男人对自己冷漠的点点滴滴：他现在开始回家越来越晚，他对自己的关心越来越少……

等到阿林回来把她送进医院的时候，果果已经是半昏迷的状况了。最后果果从医生那儿得知，她小产了，而且她的命是捡回来的，如果阿林再晚回来几小时她只怕就救不活了。

可这时候阿林只是不耐烦地看着虚弱的果果，建议她最好让她的母亲来照顾她，因为阿林自己很忙。

看见这样的阿林，想到这个男人的冷漠已经杀死了他们两个的第一个孩子，也差点儿杀死了自己，可是他居然一点愧疚都没有，果果只觉得心凉意冷。

她知道如果再这样下去，她以后生活只怕连母亲还不如，因为母亲最少有家族所有长辈的支持，而她什么也没有。

果果选择了打电话给父母求助。这时候她已经离家出走近七个月了，还有几天她的同学们就将进行高考，而她正躺在医院里，痛得死去活来。果果的母亲抱着她痛哭了一场。阿林自然被他们赶走了。

在果果出院以后，她的父母对她读书已经死心了，开始想要给她物色一个小店，希望她可以自力更生。可是果果却坚定地表示，她要读书，因为她相信自己可以改变命运。不一定说必须大学毕业生才可能成为强者，可是对于一个女生来说，适当地提升自己的知识与涵养，以后的路才会好走一些。

父母被她说服了。可是她的成绩实在太差了，在所有人都看扁果果只能考上三本或是自费读大学的时候，果果悄悄给自己定下了一个目标，就是她一定要考上一本。

为了能让果果好好学习，更为了让果果可以避开阿林，父母特意将她送去郊区比较知名的中学复读。那个学校一共12个理科班，10个文科班。一班和二班分别是理科和文科的择优班，理科择优班里打的口号是：努力，就是交大！文科择优班说的是：加油，复旦在招手。

可其实上届全校过千名应届考生中只有370个孩子达到一本线，而复旦大学每年能在这个学校录取的人数，也就二三十个人而已。果果被分进了十七班，也就是全年级中比较差的一个班。进入学校第一次统考时，果果的成绩是232分。那时候果果的父母已经不敢对她抱有什么太大期望，只是盼着她能考一个好一点的二本甚至是三本，然后最好专业选得适合以后从业。

然后果果当时却坚定地表示自己一定要考上一本，一类本科院校往年在上海最低的录取分数线也在440分左右。也就是如果想稳妥地考上，分数需要在480分上下，而她现在只有232分，但只要参加过高考的孩子都知道，在高考中5分、10分地提高，都是要花费巨大的力气去拼搏的，甚至用尽了力气，最后考试的时候，还需要几分运气，才有可能得到好的成绩。

而运气这东西，实在是太过飘浮了，父母都劝果果还是不要太好高骛远，想想其他的学校或是专业。可是果果却很执着，并表示自己一定能考上一本。当时大家只觉得她在说笑，可是进入高三复读以后，她每天晚上会做题做到凌晨才上床，早上六点半起床。中午不回家吃饭，就在学校复习。果果母亲全程陪读，天天给她送饭，她吃完了，在学校看看书，有时候太疲倦了会在学校的桌上趴着睡一会儿。

看见果果这么努力，果果母亲默默地停了看电视的爱好，以免打扰她复习。为了提醒自己，也是提醒果果，她在电视机前挂了一个宣传白板，每天在上面写离高考的倒计时。后来果果发现以后，她会每天在白板上写清楚自己今天一天的学习计划：做多少题，抄多少遍外语单词等等。

在这样强的学习压力下，果果很快消瘦下来。高三第一个月很快过去，其间学校进行了一次月考，果果只考了214分，不但没有任何起色，反而退步了。

这一次的考试成绩，果果在全班是倒数第四名。所以月考过后，老师请了果果的母亲去谈了谈，意思是希望果果不要在本校参加统考，言外之意是害怕她会耽误了学校的升学率。

/你的任性必须配得上你的本事/

果果的母亲非常愤怒地告诉老师不可能，在回去的路上。老师的嘲笑与同学们鄙夷的眼神让果果变得很沉默。一直到进了家门，果果看着父母一脸羞愧地说："我是不是太笨了。"

可是一直不会关心人的父亲摇了摇头，告诉她："他们说你不行，只是因为不了解你，并不代表你真的不行，你以前不努力，所以现在你必须足够努力，才能对过去不满意的自己说再见，除非你愿意一辈子像以前那样过日子。"

果果想起自己躺在卫生间里等死时的冰凉。她的眼珠转了转，把眼泪逼回去，没有说话。从此以后果果更加努力地学习。最夸张的时候，她根本不吃固体的食物了，饭菜都是用汤泡着，然后一边看书，一边喝下去。

虽然这样对胃不好，可是父母谁也没忍心责怪她。一个多月后，学校进行了高考前第一次模拟考试，果果考了269分。虽然进步不大，但她已经不是班上最差的那批学生中的一员了，老师也没有再提起让她不要参加统考的话了。

在离高考还有80天左右，班上进行高考前第三次的模拟考试，果果考了411分。由于这个班是比较差的，所以果果的成绩居然从过去的倒数第四，飞跃成为全班第二名。当时全班的学生都惊讶了。因为班上除了她，没有人进步这么大，第一次模拟考试全班第一名是407分，那时候果果的成绩只有三百分不到，而现在全班第一名是415分，第二名就是果果的411分，而超过四百分的学生一共只有九名。

那天发完成绩以后，老师叫来了班里前十名的学生，谈了一些孩子们的表现，然后对所有人说，大家加把劲，争取上贸易学院。贸易学院算是当地比较好的二类本科学院。也就是说，老师对果果完全改观了。之前她认为果果连考试都不够资格，现在老师寄托了果果能考上不错二本的希望。果果用自己的努力改变了大家对她的看法，洗刷了自己过去的屈辱。

果果回去把这一切告诉父母的时候，他们都笑得眼眯成了一条缝。在他们看来，果果如果能考个二本，已经远远超过他们的期盼了，可是果果却没有理会他们对她的夸奖，只是摇摇头，拿出题目又回房温书。第二天，大家看到白板上有果果写下的一行小字：我的目标是考上一类本科学院，所以我要更加努力。

果果坚定的话语，触动了所有人。最后，她还笑着反问父母："为什么你们听到老师说能上二本，就会这么高兴，是不是因为在你们的心里，也认为我考不上好大学？"

在这样的反问声中，果果的父母也开始相信——或许果果真的可以考上一本。

为了朝这个目标努力，他们开始帮果果搜集各地历年不同的高考试题给她参考。并且每天帮她批改做过的题卷，查资料为她做错的题目找出同类型的题库，让她再测试。这样一个多月过去后，父母都跟着消瘦了不少。时间如梭，很快迎来高考前学校组织的最后一次模拟考试，这次果果考了492分，所有人都惊呆了，老师也大为吃惊，表示她从没见过一个学生进步得这么快。

高考之后验收成果的时候，果果向所有人证实了自己。她填报我们这所学院，并不是因为她上不了当地的一类本科院校，而是因为她想向过去的自己说再见。不想再留在上海，因为在那里，她还是会每天沉浸在母亲的抱怨声中。她希望自己可以走得更远一些，多看看这个世界，而不是每天活在父母不和的阴影里。

很多人因为一次的失败，或是一些失败，开始放弃自己的追求，因为在失败后，会觉得自己不行了。实际上是因为你觉得自己不行，然后你放弃了，结果你就真的不行了。其实如果再加把劲去努力，或许一切都不一样了，如果在果果第一次月考214分时，她就自暴自弃，还会有后面的成绩提升吗？或许她只能再次回到那种茫然无助的状况。她的一生会再如过去一样，如同躺在冰凉的卫生间里那刻一般，等着自己的血液慢慢流失，却无力为自己的困境做任何改变。

果果的努力没有让人失望。复读考上大学以后，她一路凯歌，以大学为起点，考上了加拿大的知名院校的硕士研究生。在这所世界知名的院校里攻读计算机应用类硕士学位，并拿到了高额的奖学金。通过努力，她现在过得十分优雅而快乐，她再也不是之前那个混沌无知，被伤害以后，除了抱怨，再无力为自己做什么的少女了。

她成功地对过去不满意的生活说了一声再见！从此走上了属于她的光明道路。

真正的好运，都来自你曾经的努力

天下没有白来的运气，所谓的好运，只是机会正巧碰上了你曾经的努力而已。

西西是我们一帮作者里最年轻的一个，也是现在年收入最高的一位。所有人都羡慕她的好运，"主编的真爱呀"，"天天各种推荐"，这样的话，她听得多了，可是她从来只是淡然一笑，并没有解释什么。

其实我们这些认识她很久的人，都知道天下没有白来的运气，所谓的好运，只是机会正巧碰上了你曾经的努力罢了。

比如说西西，她销量最好的一本书，是在去年写出来的。当时她刚大学毕业，正在准备毕业论文，父母给她介绍了一个对象，那男人比西西大七岁，是一个公务员，听起来似乎是很不错的。而且西西的父母也是这样看的，他们对西西说的就是：你没有稳定的工作，学习也不好，跟着这样的男人，总比自己一个人漂泊无依地苦熬好吧？

因为有了父母这样的定位，这个男人在西西面前一直自视甚高。他们两人一起外出的时候，男生做出种种极品的行为，比如吃鸡蛋的时候，男生吃了蛋白，然后把蛋黄挑给西西让她吃。还有吃自助的时候，偷拿赠送的小饮料等等，这些事他做得毫不掩饰，并从不觉得西西有资格鄙视他的行为，时常自傲地在西西面前称自己是某某小王子。

在这样的情况下，西西天天想的就是如何能与这个人和平分手。

但是父母不同意，而此君也对她百般纠缠，最后西西只能拖着行李一个人住进了小旅店，因为居住环境的改变，还有家里的种种压力,她开始失眠,严重的偏头痛也随之而来。

可是因为主编的一句话,她立时如同打了鸡血一样坐起来,一边用艾炙包热敷着头,一边敲着电脑键盘,六天赶出了十二万字的稿子,而且字字珠玑。或许一般人感受不到这样的难度,其实如果你写过东西就会知道有多困难。写文章不等于打字速度,像我个人打字速度可以超过一分钟一百八十字,可是在写文章的时候,一般均速只能达到每分钟三十至四十字左右,这还是文思如潮的时候,很少能超越这个速度。

事实上,当时西西差不多一天十七个小时都在写文或是改文,长时间的思考让她的偏头痛更加厉害。交稿后西西甚至要去看中医,靠着吃药缓减。可是在赶稿的时候,她最多也只是吃个止痛片,就继续赶稿了,这样的努力,这样的勤奋,我自问不如。

后来主编看过以后觉得相当满意,更十分欣赏西西的勤奋与努力。当时虽然没有给什么奖励,可是过后却给她介绍了一个收入很不错的选题:参与一个古言剧本的改编工作。只是因为西西是新人,主编希望她能在二十天内赶写出来,以便让他参考过后再修改。这时候西西的生活可谓是一团糟,但她没有想过要停留或是休息一下来调整自己的心情,而是欣然接受了这个挑战,并且完成得相当不错。从此,那位主编有什么好的选题都会先想到她。有了主编的看重，加上西西自己的努力，她很快从一批新晋的小作者中脱颖而出，成为一位小有名气的作者。

可是每当我夸西西很勤奋或是很努力的时候，她都会告诉我，她还不够努力，并说起我们共同的好友小南。西西告诉我，当初小南为了赶稿，生完孩子以后，出院第三天就开始码字，要知道小南生女儿还是剖腹产。

所有人都只看见小南现在的光鲜：她写的书，本本都出版，还卖了几本影视改编，收入不菲，时不时带着孩子去香港购物，带着全家一起去欧洲什么的玩一玩，老公体贴，女儿乖巧，可以说是真正的人生赢家。

但小南曾经的努力了解的人也是有目共睹，她最初进入这个行业的时候，并不是全职写稿。那时候小南有自己的工作，还处于孕期，可是因为对文字的热爱，她开始在网上写起自己喜欢的小说。

网络小说是个未来无法确定的行业，成名的大神毕竟是少数，而多数没成名的写手，如果光靠写稿的话，那是连饭都吃不饱的。更折磨人的是：谁也不能确定自己什么时候会成名。

这种时候就是最考验大家的毅力。很多人都会因为感觉找不到出路而绝望地放弃。那时候才入此行的小南从来没有因为任何事中断过更新。还经常因为读者或是编辑的要求加更。因为赶稿，她在孕期一天只睡四五个小时。当时小南的丈夫没少为这件事和她吵架，可是小南却顶着重重压力坚持下来了。

在她准备预产的时候，编辑告诉她，因为一个大神生病了不能正常更新，可以把这个空出来的推荐位给她。这是一个能在网站某处位置待上长达半个月的大推荐。但给小南这个新人不是无条件的，编辑要求她加大更新量，以便取得更好的成绩。

那时候小南就快要准备剖腹产了，但她知道这是一次机会，如果她把实际情况告诉编辑，编辑肯定不会要求她加大更新量，但也不会把这个推荐给她。可是，以后什么时候还能排到这样的大推荐呢？小南知道那只会是遥遥无期，所以小南只字不提自己的处境，咬着牙答应了。

在医院待产的过程中，小南每天都在不停地赶稿，她也一直在祈祷希望孩子不要太快出来，终于在她的不懈努力下，存稿可以供应近十天的更新量。而这时候小南的女儿也来到了人世。

当时的情况是，小南刚做完剖腹产手术，还需要修养身体，女儿也需要照顾。可是，小南想起自己在编辑面前的保证，出院后第三天就开始强打精神坐在电脑前赶稿。所有人都觉得她疯了，但惊讶过后是佩服。当编辑知道这件事以后，也十分触动，从此对小南另眼相看。其实在众多的网络作者中，不是没有比小南更优秀的人才，可是因为别人没有她努力，编辑就把众多的机会给了这个勤奋的女生。现在小南早已经小有成就，靠稿费完全可以养活自己，所以她选择了辞去工作，专心撰稿。说到最后，西西告诉我，小南才是她的榜样。

我并不是说每个人都需要像她们俩这样去拼命。但我不得不承认，每一个人的成功都是有原因的。人说文人相轻，可是我对这两个女生却只有佩服，没有任何的嫉妒。因为，我从来没做到像她们一样的努力。

说到这里，不禁想起认识的另一个女生小月，小月也是一个作者，过去写出的小说也曾经爬上过网站各大销量榜单前十名，不敢说大红大紫，但也算是小有名气。可是后来小说写到一半的时候，她突然失恋了，于是她就像天崩地裂一样，迷失在自己的负面情绪里，从此开始自艾自怨，当初销量好好的书也没有继续写完，反而是烂尾了。一直到一年多以后，她才调整好心情，想要再战江湖，可惜，读者是健忘的，市场是多变的，她再写出来的书已经摸不到读者的喜好了，销量相当惨淡。

而其他当年和小月一起在榜单内的其他作者，坚持到现在的每个都是大神级别的人物，有几位还出了影视改编，她看见这些过去的小伙伴现在已经成长为她只能仰望的人物，除了心下黯然，也只能继续努力写文，希望能找回过去的辉煌。

有人或许会觉得她们三个人当中肯定西西或是小南有什么家境上的困难，所以才不得不这样拼命努力，她们会这样努力的原因是源自经济上的压力。

其实完全不是这样，这三个人中，西西算是富二代，家住别墅，更有店铺无数。小南的父亲是区委副书记，自己也有不错的工作，也算是官二代吧。小月的家境最差，父母只是普通的员工。

从她们三人的身上我发现虽然成功不能世袭，但是家庭教育的不同，对孩子的影响也不同。我相信小南和西西父辈们的成功也离不开他们曾经的努力与坚持，正是因为他们的言传身教才会让小南与西西都拥有如此坚强与努力的精神。

小月与前两人相比，实在不够坚强与努力，而且还会一直给自己找各种理由。最初期进入这个行业的时候，小月是起步最早的，她已经开始有着不错的稿酬时，小南和西西还坐在冷板凳上无人问津。而最后小月却因为不够努力，稿酬待遇被小南和西西超越了。如果小月能改变自己，一直努力下去，总有一天幸运之神也会眷顾她的。

其实在有些时候机会对每个人都是对等的，真正的好运，都来自他们曾经的努力。如果你能够像其他人一样努力，那么你取得的成绩，也会和别人一样好，并不会是因为其他人比你出身好运气好而改变多少。

如果，你放弃了努力，那么幸运之神也会弃你而去。

要么去死,要么精彩地活着

生命最终都会在死亡中结束,如果不曾精彩过,燃烧过,做过自己想要做的事,那么我们来到这个世上只是为了来受苦的吗?

"我的人生只有两条路,要么赶紧死,要么精彩地活着。"这样执着的话语中透出多少艰辛的付出和不懈地努力,有几人能理解?

或许这句话对别人来说只是一句鼓励的话,一句劝慰的良言，而有些人说出来，却是那么真实，那么让人心痛。

不过也只是心痛，因为大部分人其实没有太深的领悟，或许只有像好友小鹏那样经历过生死的人，才会有更多的感悟吧。

好友小鹏与我相识多年，曾经一起在北京漂荡过，他老家是四川汶川县映秀镇。提到汶川，大家都不会忘记当年震动全国的汶川大地震。

而小鹏就是当年那场天灾的幸存者之一。

小鹏是羌族人，他在北京读书，后来就留下来在这里生活。但是他十分热爱自己的家乡，在汶川地震发生之前，小鹏总是自豪地告诉我们汶川是生态的乐土！是最适合都市人休闲的旅游胜地！那里气候温和，冬无严寒，夏无酷暑，来到汶川我们会享受到独特人间春色，那数不清的直径数米的巨树构成了一片片的独特森林，杜鹃、香楠、珙桐、连香、桂花、兰花形成了香海，路香、山香。

我认识他的时候，他已经在北京从事设计工作近两年，没有存款，没有什么负担，一直没有升职。入职时小鹏拿的是三千一个月，两年后因为工龄加了三百，三千三一个月。这样的薪资对于一个设计师来说是相当微薄的。所以小鹏的生活一直比较艰难，他只能和我还有另一个朋友三人一起合租着一间三居室的老房子。但他每天都乐呵呵的，并没有对这些有什么不满。小鹏对未来也没有什么过多的计划，他学的是景观设计，但他说起未来，最多的一句就是：趁着年轻在外面看看，不行可以回汶川开个农家乐。

认识他以后，小鹏一直就这样混混沌沌地浪费着自己的青春和时间。一直到那年5月，小鹏的母亲让他回家相亲。他虽然嘴里抱怨不止，但还是去了。

这一去，就差点儿成了永别。十二号那天，我正在三楼的工作室里工作，突然听到一阵嗡嗡声，接着觉得地面开始晃动。我下意识地以为是不是临近的居民楼里产生了液化气爆炸，正想出去看看，紧接着就听到工作室里有人叫嚷："地震了！"

我吓得赶紧跟着大家一起跑下了楼，才发现停车场上站满了人，大家议论纷纷。这时候消息已经传播得非常快了，不一会子，大家伙就知道是汶川震中，震级超过八级。

当时我就紧张了，开始担心小鹏，不停地给他打电话，可是完全没有反应，根本打不通。

后来晚上回到家，我打他的手机，依然还是不在服务区。只能给他发了一个短信：是否安好。也没有收到他的回复。

很快到了月末，小鹏依然联系不上，我的心越来越沉，在心底猜想着，这位好友是不是不会再回来了。

因为失联，小鹏没有及时交上房租，房东几次要把他的东西清出去，都被我和一起住的那个朋友拦了下来，并为他交清了拖欠的房租。或许在心底，我们都希望他还能再回来，虽然在那时候，这个希望看起来是那么渺茫。

小鹏最后真的回来了，等他再次到达北京的时候，已经是6月的事了。当时他右手骨折，还打着石膏，看见我们的时候，眼泪就下来了。

小鹏说起地震时的感受，那天，他正在家里的农家乐上面的小宿舍午休。迷糊中，他感觉床在摇晃，起初以为是楼下吃饭的人闹得动静太大。这时，一名工人反应过来，高喊"地震了"。

小鹏赶紧起身，跟随人群一起逃出宿舍楼。此时楼内已出现裂缝，墙灰墙渣不断从头顶掉落。拥挤逃命的过程中，小鹏被推倒在地，右手被人踩踏了几脚，导致骨折。当他忍着剧痛，好不容易爬起来的时候，已经挤不过去了，想到以前在电视上看过，地震躲在小角落里相对安全，小鹏看见隔角的卫生间，正准备躲进去，结果一拉开门，脚下悬了空。原来卫生间已经塌下去了。小鹏只能硬忍着骨折的痛楚，跟着大家一起挤出门外。逃到农家乐外面的广场上后，惊魂未定的小鹏转过身，看见不远处的楼房正在不断摇晃，砖块乱石纷纷砸下。

事后才知道地震时，小鹏的奶奶因为行动不便没有逃出来，在屋里被砖石砸伤，后来，被人救出没多久就离开了人世。看着自己的亲人就这样走了，小鹏很难过，更加感受到生命的脆弱。

每次回忆起那一天的时候，小鹏都会告诉所有人，什么关于买房、买车、结婚生子，在那一刻，没有分毫出现在他的脑海里。在他忍着骨折的痛楚挤出去的时候，他的思维几乎是完全空白的，空白得很彻底。唯一能回想起来的念头是，再坚持一下，再努力一点，哪怕一秒。每次说起那时的情况，小鹏都心有余悸。

小鹏在灾区里待了近一个月，那里每天粉尘弥漫，记忆中是刺鼻的味道和模糊的呼救声。后来在临时搭建的棚里，前前后后全都是人，时常弥漫着一片哭声。

当知道还有其他一些熟悉的人受伤或是因为地震而离去后，幸存下来的小鹏突然发现，自己过去那样活着，几乎是浪费生命，有些可耻。命运就是如此无常，可能你已经对明天做好了种种计划，可是却在今天，你的生命就画上了休止符。他每次说完这些，都会大声地告诉大家：所以努力就趁现在吧，我们只能学会去抓住所有稍纵即逝的美好。抱着"要么去死，要么精彩地活着"的信念，我们才能保证，自己每天都将充满生命的意义，并且不会后悔。

小鹏是这样说的，也是这样做的，他回到北京后便选择了辞职，他开始为汶川地震后的幸存者们，为他的乡亲们做着自己的努力。

他开始推销羌族手工艺品，其中有他们独特的服饰、头饰等等。因为学过设计，所以小鹏开始自己画设计图，对服饰头饰的花样开始改良，他招集了一些传统老羌族手工艺人订制出美丽的产品，并且自制了一些小动画图片放在网上推销。

很快小鹏就拿到了第一笔订单。那些在灾难过后为了生计开始担扰的人们，开始看到了希望，不少人纷纷跟着小鹏学习经营网店。很快，小鹏不满意只是开个网店的小打小闹，他带着自己的产品走向了北京、上海等城市的旅游区，在那里向一个又一个的特产商店推销传统羌族手工艺品。

最初的时候小鹏总会被店主们赶出去。很长一段时间，他经常一天也没有一单业务。他也曾经气馁过，但是他想到那些在地震里的场景，他都会告诉自己——他的命是捡回来的。想起在灾区里的那么一段日子里，所有的日子，都像是生命的最后一天。小鹏无时无刻不会想到他还有那么多心愿没有完成。从那时候起，小鹏知道，他只能活一次。这一次他必须活得很用心，才不会后悔。他就是想帮助更多的乡亲用自己的双手创造出更多的价值，可以比其他人过得更好。他的力量很微薄，所以他只能更加努力地去争取，才有希望成功。每次想到这些，小鹏就一次又一次地坚持了下来，后来他的诚意总算开始打动了一些店主，他们同意让小鹏把东西放在那里代销。

　　逐渐的，小鹏的订单多起来了。在不懈努力下，现在的小鹏已经在成都购买了自己的房屋，并且结婚生子，妻子是他在做义工的时候认识的，夫妻两人都事业有成。这些年小鹏一直努力赚钱，然后尽他所能地去回报社会——他每年里最多的消费，便是向慈善基金捐款。

　　偶尔再看见小鹏分享的朋友圈，说：
　　生命之所以精彩，就在于我们不断地拼搏，如果只是行尸走肉一样活着，又有什么意义呢。反正人来到这个世上，就从来没指望能活着回去，生命最终都会在死亡中结束，如果没有努力过，拼搏过，精彩过，燃烧过，做过自己想要做的事，那么我们来到这个世上只是为了来受苦吗？

　　要么去死，要么精彩地活着其实这句话并不是一句鼓励或是赌气的话。而是告诉我们，要将每一天都当成生命的最后一天，努力活出自己的精彩，那么当最后一天真的来临的时候，我们也可以无憾而去。

你要向自己证明十年前想要的生活

> 没有了中间辛苦奋斗的过程，又怎么配得上拥有最后向往的人生呢？

漫漫人生路，说起来近百年，其实也很短暂。每个人在年少时，都会或多或少会对自己的人生有不同的设定与向往，但除了极少数厚积薄发的老人以外，大多数人的人生到三十五岁左右就多半已决定了他一生的发展方向。

在当代的中国，大部分人走出学校的时候已经年过二十。离三十五岁也就十多年。所以，大学毕业后的第一个十年确实是人生中最重要的十年。每个人在青春少年时都踌躇满志，而在十年后却往往天差地别。当然，岂能尽如人意，但求无愧我心。你最少要为想要的生活，努力奋发过，而不是空有幻想。

今年初，我突然接到一个陌生号码的来电。一接通，对方就呵呵笑道："小夏吧，我是老刘……"

居然是十年不见的大学同学。寒暄以后，对方直截了当说出了这次通话的目的："十年了，同学们想聚聚。"

我听了很高兴，欣然应允。毕竟经过这十年的打磨，当年志气万千的小伙伴们不知道有什么变化。虽然聚会的地点并不在我所在的城市，我还是请假前往。

去了才知道，这次聚会的发起人是当年并不起眼的小郭。出人意料的是，这次聚会相当有规格，同学会设在当地一家五星级酒店，吃住一条龙。而这一切都是由小郭牵头负担开支，这样的大手笔让我不由得咋舌称道。

随手抓过通知我参会的老刘，问了问才知道，小郭现在已经是某知名电子产品企业的副总裁。我不由得想到现在自己和小郭巨大的生活差距。我前年刚在老家三线小城置办了一套两居室，这两年省吃俭用才装修好，手里没有什么余款。虽然有一份吃得饱穿得暖、在外人看来十分欣羡的工作，其实公司内里争斗无限，如是鸡肋。上班老遇到不开心的事情，可又能怎么办呢？房贷压在自己身上，完全不敢轻举妄动。

看看自己的现状，我心中难免对小郭的成就有些羡慕，不由得会想，如果当年和他一起南下广东发展会怎么样？这时，我想起来当年还真有人和小郭一起南下，那就是我们班的大才子小赵。当年他和小郭是大学上下铺的兄弟，这两位大学霸那时候都认为再读研是浪费他们建功立业的青春，所以一起带行李就南下广东淘金。也不知道小赵现在如何了。

我心下暗自揣测，就算小赵没当上总裁，但这些年必然能和小郭相互帮扶，再加上他自身的能力，小赵现在怎么样也该拥有一个总监或是项目经理之类的头衔了。

可是，当在人群里找到小赵时，他说起现状，有些尴尬，欲言又止。两杯酒下肚后，他脸上泛起阵阵红晕，开始叨叨起自己的不得志。

原来，当年小赵和小郭一起离开北京到了广东，首先就去了当时的经济特区的深圳，到了改革开放的第一线。他们手上那张"含金量高"的名校毕业证，确实为他们迎来了不少机会。基本上只要他们投出了简历，都会被人力资源通知去面试。可是，他们却一直没有顺利地找到理想的工作，毕竟他们是应届生，还没有工作经验。

初出茅庐的他们又没有太多钱，两人一起挤在旅馆半地下室的两人间里，一人均摊一天二十元的房租。刚开始，两人都会每天早早起来跑到罗湖人才市场。因为一直没有什么好的消息，小赵有些心灰意冷，逐渐这天天跑人才市场，就变成小郭的独角戏了。往往他从人才市场回来时，才会把小赵叫起床，然后把带回来的方便面或是馒头之类的东西分给他吃。对小赵来说，他已经分不出这到底是早餐还是午餐，最初的意得志满到这时已经转化为消沉，如果不是还有一个哥们儿一起支撑，小赵恐怕已灰溜溜的返乡了。

这样的日子维持了近一个月，突然有一天，小郭跑回来对小赵说："我们去中山吧，那里厂里招技术员，包住宿，工资也不少，竞争也不如深圳这么激烈。"

小赵一听大不乐意，他是奔着深圳的繁华来的，到中山去上班简直是掉价。在他眼里，到中山那种遍地是工厂，类似城乡结合部的地方去，有辱身份，会被同学们笑死的。

两人最后商议好，小郭去中山看看，小赵还留在深圳继续努力，两边谁有好消息或是看到好机会都通知对方。

议定之后，分道扬镳，离开了小郭共同负担房租，小赵的开销瞬间变大了，大约半个月后，小赵已经快囊空如洗，正准备灰心地打道回府的时候，居然意外接到了小郭的电话。

原来小郭那时候已经找到了一份工作，在某知名电子厂担任技术员，在他的努力周旋下，他们部门的直接领导帮着向人事推荐了小赵，这个被小郭描绘得非常优秀的同学。

小赵在回乡还是去中山之间纠结了两天，还是选择了先去中山。

到了中山后，小赵就被小郭接到单位给他分的宿舍里了。他俩寒暄片刻，小郭就匆匆忙忙又赶回了工厂。小赵放下行李，拿出行李里已经被压皱的简历，就自己去人力资源部那儿报到。

出乎意料的是，人力资源部的妹子把小赵的简历退了回来。那一瞬间，小赵差点儿哭出声。他以全校前十的成绩考进了全国的名校。找工作之前，他对未来充满了幻想。由于这些天求职失利，他才会来到这样一个鸟不拉屎的地方上班。可是没想到，他居然会被这里的工厂拒绝。

忙了一天的小郭回到宿舍，就看见小赵哭丧的脸，他问了问情况，拿起小赵的简历看了看。那从行李箱中拿出的简历已经皱得像垃圾堆里翻出来的一般。小郭看着就皱起眉头，明白为什么人力资源部的妹子一点情面都不给了。

那时候电子打印并没有现在这么普及，工厂附近一时也找不到打印店。所以小郭细心地把简历用铁制的热水杯底烫平，然后又压在了几本书下面，最后对小赵说："我再去问问。"

第二天，小郭又去请求了自己的直系领导，在领导的说合下，人力资源部同意再给小赵一次机会。

这回去面试前，小郭特意帮着把小赵的衣服都烫了一下，然后又让出他自己刷干净的鞋给小赵换上，再从书下面抽出看起来已经像模像样的简历。

这一次，面试果然顺利通过，小赵总算可以留在那里跟小郭一起做技术员。两人起薪一致，工作一致。但小郭每月发了工资以后就买大量的计算机专业书籍，继续学习，而小赵觉得这工作没什么压力，工资也还行，又包吃住，渐渐就养成了和工友们一起打牌的习惯。

一年多以后，小郭提升为了部门主管，小赵还是个小技术员。再过了一年，小郭成了部门经理，小赵继续原地踏步。

这下小赵可坐不住了，在恭贺小郭升职的时候，他直截了当地提出了要求，希望小郭看在两人的情分上能提携一下他。小郭有些为难地拿出了一份小赵过往的年度考核文档。上面主管所写的评价很简洁但也很直白："遇事推诿，懒怠。技术水平普通。"这寥寥数语的评价相当要命，它意味着小赵在本公司升职的可能性已经不大了。小赵感觉自己已经绝望了，面色颓唐。看到小赵这个样子，小郭咬着牙承诺他，会推荐他做小组长，让他做好准备。

果然很快人事通知下来了，小赵得到了提拔。小赵下定决心想好好干，不给兄弟抹黑。可是他的技术功底已经逐渐荒废了。面对着复杂的电路板，靠着决心他就能把产品设计好吗？这时老板交给小赵一个任务，让他带领团队制作一款设备的主板。在手下的弟兄们设计完成以后，小赵大胆决定自己动手改了几处，并且自鸣得意。结果，立刻就接到小郭火烧火燎的电话责问。

原来，如果他不插手的话，电路设计只是有点小问题。他插手以后，照他改过的版子制作出来的模版一通电就自行烧毁。哎，堂堂一个名牌大学生连三极管、CMOS管的功能都搞不明白，着实丢人现眼。这下小赵可是出了个大洋相。当然，小郭还是看在同学的情分上保了他，可他自己也觉得没脸在这里待下去了，于是就辞职离开了。

小赵感觉自己连中山都待不下去，更没有勇气去深圳试一试，于是只好回老家找机会。回到老家以后，小赵自我反省，认识到自己应该努力工作，好好进修一下，让专业技术能力得以提升。可是他的家乡只是个内地三线的小城市，对技术型人才需求量不大，压根就没有适合他本专业的岗位。找来找去，他最后只能寻得一个专业并不对口的销售工作。干了两年之后，按部就班地结婚生子，当孩子出生以后，生活压力也越来越大。

你的任性必须配得上你的本事

　　三年前，他又兴起了去外面闯一闯的念头，再次南下广东。这时候小郭已经从原厂跳槽去了另一家新建的工厂任项目经理。见到小赵时，他一如既往地热情。不过，他表示自己在新工厂的前景都不是很肯定，薪水没有保障，而小赵是有家有口的人，与他一起拼搏风险太大。如果小赵愿意的话，他可以推荐小赵去一家规模不小的知名工厂做高级技术员。当时月薪五千，包吃住。

　　小赵衡量了一下，最终选择了去做高级技术员。到了新单位后，小赵发现电子技术发展实在是太快了，自己在书本上学习的东西现在已经过时，只能继续努力学习实践，可是他已经过了黄金的学习期，中间又有那么长时间的实践断档，干起来非常吃力。还好由于他现在态度积极向上，主管倒没有为难他或者给予恶评，高级技术员的饭碗还是保住了。

　　后来，小郭带领的项目组研发出的新型产品走红国内，他不但拿到了公司的期权，也升任了副总裁。而到我们聚会的时候，小赵的工资仍然是一个月五千多点。

　　我们几个人都是同一个学校毕业的。离开学校的时候，大家的想法也都是出人头地。可是，十年后，除过小郭，其他大部分人都看着不大如意。为什么大家十年后的差异这么大呢？

抛开小赵不说，回头想想，最初毕业的第一年，我在干什么？我最想干的事是什么？依稀想起，我从来对专业技术没什么兴趣，那时候我的心愿是考过司法考试，拿到职业资格证去当律师。后来，我还真买了二十几本参考书。可惜的是，最后它们的去处都一样，淹没在我家的书柜里。最初我还会偶尔翻看一下，到现在我已经不记得它们放在书柜的第几层中了。

如果我真的做到了当初的目标，在两年中通过了司法考试，那么到今天为止就会有八年的时光让我在律师行业里奋斗。我也许就过上我想要的生活——成为一位全国知名的律师，有更美好、更富足的人生，而不会像现在这样，只是每天做着千篇一律的工作，拿着并不算丰厚的薪资，还在为房贷、车贷烦忧。

我不由想起以前在书上看过的保龄球效应。保龄球投掷的对象是十个瓶子，而这十个瓶子就像我们每年为自己设定的不同愿望，完全完成目标，就是砸中了十个瓶子。似乎每次那一个球砸倒九个瓶子看起来和砸倒十个瓶子似乎差异不大，只是隔了一个百分之十。

但如果你每次都能比别人多击倒一个，积累起来，就会更多。而且保龄球积分规则对全中是有很大奖励的。

这就有点像社会的积分规则一样，只要你每次比别人稍微优秀一点点，你就有可能赢得更多的机会，这种机会的叠加最终造成人与人之间巨大的落差。而且你若因为经常能圆满完成任务，比你完成50%或80%，所带来的获益要多得多。如果你每天都努力，以一年为一个时间结点的话，那么，一年下来，你要进步多少呢？

毕业走向社会的时候，大家都为自己设定了一些目标，可是有多少人为之努力呢？努力过，真正坚持下来的有谁呢？

现在十年过去了，当年同班毕业的同学有近六十人，这次同学会到场的有近四十人，可是除了小郭，大家都只成就一般，甚至还有在温饱线上挣扎的。

有人说小郭是幸运，可是他幸运背后的付出大家却鲜少提及。他能在小赵去面试的时候，连烫平简历这样的小事，都想做得尽善尽美，严格把关。你觉得他对自己的要求会更宽松吗？同样的机会给小赵，他就能把握住吗？

答案：不能。小赵当年连面试都无法通过。一个不严格要求自己，不认真对待事业的每一次机遇的人，怎么能得到幸运之神的眷顾？

而且，在小郭离开自己原来的工厂去新公司发展的时候，所有人看来他是任性的，因为那个新公司，如果没有好的产品支撑的话，可能连以后的工资都发不出来，但是他毅然去了，因为他对自己的技术有信心。

这种信心，不是盲目的，是这么多年来，他一直提升自己，努力完备自己知识，慢慢沉淀下来的信心，所以最终他迎来了灿烂的人生前景。

谁也不敢说现在是他的巅峰，因为人生还长着呢，他一直用这样努力的态度尽善尽美地要求自己。我相信，他以后会有更大的辉煌。

现在的他已经实现了当年他离开校园时的梦想，不但出人头地，也迎娶了一个漂亮而知性的妻子。

看看小郭，想想自己。我配得上十年前我为自己设定的目标吗？

当然没有！当年雄心壮志地要过司法考试，现在书页都发黄了，证还没拿到，这样的事不知凡几。

没有过上自己十年前想要的生活，是因为我从来都不曾为自己的理想真正去努力，没有辛苦奋斗过，又怎么配得上拥有向往的人生呢？

我现在知道想像小郭一样过上想要的生活，就得努力一番，尽自己最大可能去做，才能无悔人生。过去的十年已经成为历史，但希望下一个十年后的我，能为自己证明，我配得上十年前想要的生活。

你要变成更好的自己,才能够改变世界

> 永远记住——你要变成更美好的自己,才能够改变属于你的世界!

人最可怕的是不愿改变自己。

我曾经在北京漂泊过几年,那时候我过着什么样的生活呢?每天早上闹钟响起后,起床、刷牙、洗脸,然后出门。偶尔会在床上赖上几分钟,这样刷牙的时间就不够了。路上也只能赶紧跑,因为不早点挤上公共汽车,后面的车就挤不上去,或是挤上

去也容易堵在半道上。到公司后，一看还算早，我长长地舒口气，然后会去刷个牙，在附近买个鸡蛋灌饼当早饭。之后打卡，准备上班，可是打开电脑看见屏幕下面的时间，开始算计着还有几个小时能下班回家。那时候，我觉得工作是个很痛苦的词，套用一句同事说过的话：每天上班的心情都像上坟。

那时候父母天天说得最多的就是让我回老家，赶紧结婚，可是现实就是没房、没车、没有优秀的外表根本找不到合适的对象。或许说，不是找不到对象，而是找不到我中意又中意我的对象，简单来说就是对自己认知不够，又心气太高。

因为找不到合适的对象，父母更加着急，更是天天催。他们越催，我越是反感，越不愿意去相亲，越不去相亲，越找不到合适的对象……

当时我的生活变得很消沉，觉得自己很失败，恨自己没用，感觉浮躁、焦虑，但这绝对不是我想要的生活。可是却又不知道从何改变现状，每个月在北京高额的支出硬生生地摆在那儿的，我虽然想专心经营自己的画室，可是如果不上班，明天就可能会没饭吃。

有时候做梦都想过上富足的生活，让我可以安静地继续画画。有时候也会在网上看看励志文章，觉得说得有理的时候，也会照着书中所写的那样去做，但仅仅几天之后，又发现这些想法很多只是奢望。每天上班八小时，在车上都要堵上四小时，回家还要画画，哪还有精力去励志，很快我又变得跟从前一样了。

父母的催婚也在这样的情况下达到了高潮，几乎他们每周都会打电话来催问，甚至逼迫我要去交友网站上多撒网，而且最好每天都能汇报进展。特别是我的母亲，她当时的状况几乎是恨不得我能做好计划书，一周最少要相亲两次以上，然后尽快定下对象结婚。

我一直不知道母亲为什么这样，直到有一天，我看到一本书上写道——被逼婚是因为你过得不够好。

看完以后，我突然醒悟，似乎真的是这样。

我的大堂姐比我还年长，她大学刚毕业的时候，孤单一人在上海打拼。家里人也曾经为她焦虑过，都觉得她一个人在上海太过辛苦了，可是这样的抱怨很快在堂姐考上当地某知名大学的硕士研究生后，慢慢变得悄然无声。

大堂姐研究生毕业后，成功拿到了双硕士学位，并留校成为一名大学教员。那时的她已经年近三旬了，可是大家都不着急，因为她一直过得很好，吃穿用度无一不精致，从来没有人担心她会变成剩女，只有人担心她太过挑剔。姑姑还曾开玩笑说过：她就是真成了"剩"女，也是丰盛的盛，怕什么？而这些笑言从来不会影响堂姐，她依旧过着自己的小日子，学校放假她就利用假期四处旅游增长见闻，闲暇之时还会写些旅游攻略。这些她写出来的攻略居然有几篇被国家级的旅游刊物选登。家人提起她的时候，从来不是纠结着逼婚或是担心，只有满满的骄傲。

其实父母一辈子都过了大半生了，他们有什么没见过。没有真的接受不了儿女们晚点结婚的父母。有的只是他们对我们现状的不安。父母们想到自己捧在手心里成长的娇花弱草们，还没有学会好好地打理好自己的生活，却要面对外面的竞争与压力，他们当然希望能多一个人来与我们共同扶持，相互依靠。

可是我们连这样的心愿都无法让他们完成，只会让父母更加心中不安。

所以我们对工作的不满，对被逼婚的怨气，全是源于我们自己的无能。空闲的时候有没有幻想着自己能过另外一种生活？盼望着哪天中了彩票，或是出现一个贵人，对我们另眼相看，像那些名人传记中突然从天而降的机会一样，借风腾飞，瞬间身价百倍，功成名就？

其实这样的奇迹非没有可能出现，只是我们说不上什么时候会遇到贵人，但这种被动的等待可能会耗尽一个人一生的光阴。而且，我们只看到名人传记中他们遇上了贵人，可是却没有留意过他们自己本身就有优于普通人的品质，最少有着充分的人格魅力。说句不好听的，人家贵人又不是傻子，为什么要投资你呢？就像很多女明星想嫁豪门一样，漂亮的女人多了，真正嫁入豪门的又有几个？有些年轻美丽的女明星就是为豪门生下了孩子，也不一定能转正，更不要说什么资本都没有的人了。

　　真正的人生赢家应该怎么样生活呢？恰好我曾经听朋友说起过一个这样的人物，这个故事里的主人翁叫小梅。她出生在江南小城的一个普通家庭，她是家里的老二，上面有姐姐，下面有个弟弟，因为超生，父母早早就失去了工作。后来为了生活，父亲成了一个做装修的小工头，母亲是全职太太，一家五口过着简朴的生活，几乎每个周末都在忙碌中度过。父亲说得最多的就是："好好读书，不管上什么样的大学，家里有多难，我都会供你们。"

　　贫困而艰难的生活，一家五口挤在一个六十平方米左右的小二室一厅里，小梅和姐姐挤在架子床的下铺，而弟弟一个人睡在上铺。下雨的时候下水道经常会翻涌出来，溢满了一屋的臭气，这样的日子就是小梅一直到大学前的生活。

生活就像一个测试，小梅相信自己是一流的。她的高中数学老师回忆起小梅，会笑着说："每天，她都有一个目标，有一种冲劲，总会带动全班的学习气氛。高中时期，她是学生中的风云人物。"当时，她的目标是某知名大学的计算机系，最终她通过自己的努力如愿。上大学时，小梅曾在一家世界五百强企业做暑假实习生。因为表现出色，她毕业后，留在这家公司，成为这家名企的一位技术员。这样的工作或许对一般人看来已经不错了，可是却改变不了小梅一家的生活。她的弟弟还在读书，而全家为了供她读大学时的贷款到她毕业也没能还清。

于是，工作稳定后，小梅开始在工作之余做些兼职，希望能尽可能的改善生活。从最初的花店临时工，到后来的推销员、保险经纪人等工作，不服输的她都十分认真地对待。因为兼职，她每天只睡6小时。

她一直在努力提升自己获得成功的能力。甚至，在周末业余时间小梅还去学习了法语还有德语。

因为小梅精通了三国外语，她在一次公司法国籍副总巡视的时候，用流利的法语回答了对方的提问。对方立时觉得眼前一亮，这位副总成了小梅的第一位贵人。因为精通法语，又有业务知识，她被破格提升为了副总的助理。薪水有了一个极大的提高，当然工作也繁重了很多，小梅再没有时间去做兼职。可是这一切的付出都是值得的，因为小梅发现，上天对她打开了一面窗，她从这里看到了不同的天地。陪同副总东奔西走中，小梅的见识、气度，以及人脉迅速增长。

后来，在为副总担任翻译的过程中，小梅无意中发现劳务中介输出这个项目中间的利润非常可观。借助副总的帮助，小梅很快成功地做成了自己的第一笔业务。这时候副总提出了一个意见，他不赞成小梅如此兼职，如果她选择继续这些业务，就必须离职。那时候小梅还是没有多少资产，而她现在的工作也算是高薪厚禄，可是小梅更看好劳务中介的市场，她想选择辞职。

这时候家人反对她离职。因为，那年她的弟弟正要面临高考，小梅这份稳定的工作收入，对这个家很重要。

小梅左右衡量之后，说服家人，选择了辞职创业。

很快小梅发现，她的银行卡里的存款从几万变成了几十万，这让小梅和家人十分高兴。

这样看，一路走来，小梅似乎十分顺畅。其实并非如此，她也经历过瓶颈。在她好不容易挖到了自己的第一桶金时，父亲也想给女儿一些帮助。加上之前父亲一直从事装修工作，也在这个行当认识一些人，当他看来当时最火的行业就是地产业，他极力游说小梅进入房地产领域。小梅也觉得当时的地产业是一个正值商机的行当，当时父亲得到消息郊区某地可能会修建新的汽车站。正值其开发时，机缘巧合，小梅通过父亲的介绍，认识了他们当地另一个地产开发商，顺利地谈成了合作事宜，承建对方工程中的部分外包的小工程。这是小梅第一次踏入房地产领域。

老天爷似乎要考验她，她刚刚跟银行贷好款，做好项目规划。可是关键时候，出了问题，小梅父亲召集不齐适合干这些工作的熟练工人。因为人手的原因，这个小工程，他们比合约期晚了二十多天才交付，最后弄得双方十分不愉快，结算的时候对方也扣除了不少滞纳金。这可以说是小梅创业之后第一次遭遇挫败。尽管这次损失并不算惨重，但让小梅的父亲十分愧疚，不过在乐观的小梅看来，这只是一种人生历练。

小梅的父亲用心很好，也很努力，可是却因为能力有限，最终不但没有赚到钱，反而害小梅亏损了不少。

这也能说明有一部分人，明明自己能力不够，却总埋怨世界不给他机会，可是当真的机会来临的时候，你真的准备好了吗？真的可以做好这个上天给你的机遇吗？

如果你也是"他们"中的一分子，希望你能静下心来，花点时间思考和梳理，比如像小梅一样，在机会没有来临之前，她除了努力工作，还去学习了多国语言。这不只增加了小梅的技能，更提升了她的自我价值。或许在当时来说，大家只会觉得她在做没有意义的事，可是当机会来临，她立时脱颖而出。人只有通过学习，或是努力，不停地提升自己，将自己变得更好，才能在机会来临的时候，说一句：我可以的，我能做好。然后走上改变人生的路途。

人生的征程，最糟糕的境遇往往不是贫困，不是厄运，而是精神和心境处于一种无知无觉的茫然状态，既不愿意去努力改变生活，也不想去提升自己。看到这里，也许你在心里说："我又能怎么样呢？我底子不好，学也学不进去，付出再多的努力也是浪费。就算我现在真的去努力提升自己，也太晚了，我现在都多大了？而且现实生活实在太困难了，我也没有时间去做这些没有意义的事，学习就已经是一个难题，就算克服掉了，还要兼顾家庭，甚至可能因为这样引发家庭矛盾，更多的难题相继而来，怎么办？"

我想说的是，那就不要继续发牢骚了，也别幻想贵人的相助了，那些都不现实。你若真的希望有所改变，先从改变自己开始，只有你变得更好了，你才能得到更好的待遇。如果你做不到，那么你就要学习接受现在不满的人生。因为一切让你不满的生活，都是与你的能力相匹配的，属于你的这个世界，或许不是最完美的，却是你唯一能得到的。如果你希望自己的人生更好，那么，打起精神来，从现在这一刻开始，为自己变得更加美好，做出努力吧。

或许第一步，只是需要你开始为自己选定一个适合的目标，比如：减肥、学英语、通过专业资格认证，甚至只是做好本职的工作等等，这些看起来似乎并不是太遥远不是吗？只要你愿意为了这个目标每天抽出一两个小时的时间，想减肥你就用来做运动，想学英语你就背单词……你很快会发现，自己变得更加美好，而生活也会因为你的改变而起了变化。比如减肥成功的，可以穿上漂亮的衣服，在路上收获路人的惊艳目光。学好英语的可以在升职面试时多一项漂亮的技能。所有的改变都是从自我做起，一点点小事，听起来似乎很容易，希望大家都能从这一刻开始努力去做！面对困境与挑战，更要努力进取，而不是怨天尤人，永远记住——你要变成更美好的自己，才能够改变属于你的世界！

第四辑

今天的你，要对得起自己期望的未来

要相信每个行业都有精英，如果你选择了就要去做得更好才是，如果你只是贪图享乐，怕眼前苦，那么有可能以后你会更苦。

今天的你，要对得起自己期望的未来

你梦想一个好的未来？没错！可是如果你不去努力实现，不好好对待自己的梦想，那梦想再好有什么用呢？

时间是一条奔腾向前，永不回头的直线。从我们呱呱坠地的那一刻起，我们不断地告别过去，也不断地体验未来。未来对于每个人，都是不一样的。人群当中，既有"伤仲永"式的堕落天才，也有被称为厚积薄发的大器晚成者。

在我身边就不缺少这样的例子，我隔壁的高姨家有两个女儿就是很典型的对比。两姐妹相差一岁多点，待遇却是天差地别。妹妹小高漂亮可爱，嘴甜会哄人，所以从小就得到父母的宠爱。姐姐大高不爱说话，时常被父母骂了，也只会不出声的发呆。在父母眼里，她这样就是阴着脸，不招人疼爱。于是，高家一切的资源：小到吃食，大到就业机会，高姨夫妻都会要求大高必须让给妹妹小高。

两人还是儿提时候，大高已经因为不会讨父母欢心，而被时常打骂。我们经常会听到隔壁传来高姨骂着大高的声音："你这么蠢，又不会说话，以后就别说话了，也不会学学你妹妹，看看她说话多得人喜欢。"

很快两姐妹就一起进入了中学。刚进入中学时，大高成绩不算优秀，每次都在班里前十名以外，二十名以内。而小高小时候虽然聪明出众，但她太过爱漂亮，从小就只喜欢打扮自己，不用心学习，所以高中以后成绩经常在后二十名里转悠。但她会哄人，能撒娇，虽然成绩不好，但在父母眼里，这样的姑娘肯定不会愁嫁。于是，高姨两口子，从来没有为这个成绩平平的漂亮女儿担忧过。

高考时，大高发挥不错，被北京的一所二本学院录取。大学毕业以后，她凭借自己的努力，进入了一家全球知名外企的北京分公司工作。在这里，她当然不会有什么很好的职位，工作辛苦，时常加班。而第二年参加高考的小高没能考上大学。在父母的安排下，小高进入了当地的电信公司从事客服工作。因为小高长相出众，口齿灵活，她在这里很快得到了同事的喜欢

但很快半年的适应期结束，她开始正式面对自己的客服工作，小高的缺点也开始浮现出来。因为她的岗位，需要直接面对一些来投诉的用户，而这些本来带着怨气的用户，完全不吃小高撒娇这套。被客户骂哭过几次以后，小高很快顶受不住压力。她厌倦这样每天都在用户骂声里度过的生活，很快想到了辞职。可是这工作是高姨夫妻请托了很多人才为她觅来的。因为此事，从高姨家中第一次传来他们痛诉小高的声音。小高的撒娇、哄骗等等招数在这一刻完全起不了作用。不论她多么不愿意，也只能继续去上班。

因为对生活的不满，小高开始向往能像父母说的那样，找个好老公照顾自己，不用上班，在家当少奶奶。为了达到这个目标，她每天都在婚恋网站上撒网，一周经常能相亲两三次。才刚二十岁的小高已经开始在为自己的婚事奔忙着。

而与此同时的大高，在工作的外企里获得了第一次升迁机会，她被要求每天下班后及周末都必须在公司参加培训，繁重的

工作，还有培训生活，都让大高十分疲惫，可是为了以后能有更好的发展，大高咬着牙坚持着。

在姐姐努力的时候，小高的时光却是被每天的相亲打磨着，终于她认识了一个做生意的青年小许。对方自称拥有房车，未婚无债。而最打动小高的便是小许一再夸口，做他的媳妇是不用工作的，他也不喜欢自己的女人工作。这样的许诺很快打动了小高。因为小高急切地想要脱离现有的生活，所以他们俩的关系发展得极快。在幸福中小高并没有怀疑小许同样急切的背后是否有什么不可告人的原因。

直到结婚后，小高才发现，小许并没有完全告诉她实情，小许之前虽然没有婚姻，却有一个未婚生育的儿子。她才刚结婚，便要开始当后妈。另外，公婆也十分嫌弃她。在公婆的眼里，小高学历不出众，而且还懒，不爱干活。因此，小高虽然不用上班了，但她需要负担全部的家务，还要照顾小许已经六岁的儿子，可这个小朋友对小高充满了敌意。这种婚后生活让小高很快憔悴下来。

此时的大高已经凭着自己的努力，在这家知名外企，成功升职，成为重要部门的主管，她拿着一个月近两万的薪水，在北京生活得还算惬意。有了优裕的生活，大高看似平凡的外表虽然没有变化，但她的气质却越来越出众。因为她上进，有一位欣赏她的客户，也开始追求大高。对方是海归硕士，条件优秀，且明理通达，又与大高性格相投，两人很快便走到了一起。

看见姐姐的生活越过越好，身边的男人也十分优秀，小高的眼里不免闪过羡慕。可是，正如我们之前提到的那样，真正的好运，都来自你曾经的努力。大高看似不聪明、笨拙，但大高一直默默努力，一直没有停下前进的脚步。

相信每个人都有一个美好的期待，希望自己能够始终做自己人生的主人。那么，何不静下来，做好自己该做的，为美好未来打下基础，做好铺垫呢？

其实，无论是什么人，你梦想一个好的未来，没错，可是如果你不去努力实现，不好好对待自己的梦想，哪梦想再好有什么用呢？

只怕是梦醒之时，成为你悔恨之刻。悔恨曾经的你对不起自己期望的现在。如果你已有省悟，那么从现在开始努力吧，你要让今天的你，对得起自己期望的未来。

爱你的人，不会放纵你的任性

所以真正爱你的人，会留意你的每一次转变与迷茫，不会放纵你的任性，更不会让你因为任性走入歧途，毁了你自己。

一天，我正在书房午睡，突然听到门响，接着便传来妈妈与大姑寒暄。她们两人说起家里的小堂弟毛毛这会正在叛逆期了，越来越不听父母的劝，也越来越任性，心里充满了忧虑。听到这个久违的词，那些禁锢已久的回忆不知从哪里涌了出来，让我既熟悉又陌生，既感叹又不知所措。

还记得当时，我幻想自己可以成为一名有为的天才画家，总想逃课去山野间写生。每逢此时，父母都会骑着自己破旧的自行车四处去寻找。有一次父亲大怒后把我的画板丢进了河里，我气愤地对着父母咆哮道:"我长大了,不应该什么都听你们的。不是你叫我往东,我就得向东的,我总要有点自己的想法,我总该找到自己的理想在哪里!"当时父亲回答我的,是一顿暴打,打到我老老实实回去上学为止。

在那时候,年少的我看来人活世上,总该有自己的追求,总该有自己的理想。对自己的未来充满幻想。那怕那些幻想,有些不切实际,也想去实现。

比起我学画的任性,还有一位同学诚诚为了自己心中的幻想比我更任性。诚诚和大多数叛逆期的少年一样喜欢幻想,初中毕业以后,他因为想要追寻自己成为一代"大侠"的理想,在高中的第一个暑假,他偷了母亲放在家中的两千多元钱,然后一个人离开了家,走向了所谓追寻理想的旅途。

等到几个月后,他被家人寻回来的时候,我们才知道,他居然一个人跑到四川去找寻传说中的蜀山剑仙。

当时在我们这群小伙伴面前,讲述这段故事的时候,诚诚还一脸憧憬说道:"我想遇到一位鹤发童颜的神仙,或是一位无所不能的圣人,学上一招半式,就太完美了。"

最初,诚诚就是抱着这样目的走近了传说中的蜀山。但是真正迎接他的蜀山,与他想象中的完全不一样。离开已经开发的风景区后，诚诚沿着山道向里走，山野里静寂的可怕。偶尔传来一两声奇异的声音，那也绝对和传说中的剑仙无关，一只飞扑过来的野鸟也能吓得诚诚微有些胆颤。开始的时候，诚诚还满怀信心，越走，他越害怕，想象着山野里的蛇或是其他的猛兽的出现，他开始担忧了，也打起了退堂鼓。好在遇上了几个去野地徒步的登山人，否则只怕他就要在山上过夜了。就是这样，因为山路坎坷，他这种在城市中长大，又缺少运动的孩子，还是在下山途中把脚扭了。下山以后因为着凉，诚诚病了两个礼拜才好。好在登山人帮他联系了公安局，诚诚受到了当地救济站的救助，不然真不知道他回来时会变成什么样。

这次回来以后，诚诚显然受了些打击，但是他追寻蜀山剑仙的幻想却没有因此而消退。还好，不久后，他就被父母送去当兵了。

在军队里，可不是由着诚诚想跑就能跑的。军事化的封闭管理，很快磨灭了诚诚的幻想。时至今日，已经转业回到家乡工作的诚诚，每次再说起当年的轻狂往事，总会笑得抬不起头来，自嘲地说道："我也想不明白，当初为什么那么傻，就是想去找什么剑仙，又无知，又任性，怎么劝都不听。还好父母把我送去当兵了，不然，真不知道自己现在变成什么样了。指不定正在那里乞讨呢。"

听了这话,大伙都笑了起来。

试想一下,如果诚诚还是那样三天两头的往蜀山寻梦,现在他会怎么样?当时第一次出走时偷母亲的钱来做路费。如果以后,他还想再去蜀山,路费从哪里来,即使不考虑路费,只是一唯追寻剑仙,以后凭什么立足社会,做道士吗?实在让人不忍再想下去。

不过,现在我们也不需要去思量这不曾发生的事情。因为这会的诚诚已经是一个孩子的父亲,生活安逸,也再没有当年那种必须要成为一代伟大侠士的幻想。每次看到某些小说,或是影视剧目里有的少年人走到山野里,然后捡到一本这书那秘籍,从而成为一代大侠的时候。他都会带着几分嘲弄地笑道:"那有这么多大侠,真是误人子弟。"

此时的诚诚已经开始发现自己当年的任性出走,是多么的可笑与无知。可是在当时的诚诚被送去部队时,他甚至任性的一直不接父母的电话。在部队训练时,他因为驻地寒冷,手上冻的满是冻疮,母亲托人送去冻疮药,也被他原样寄回。因为他觉得父母不支持他的理想阻止了他的寻梦之旅。

当然这是比较少见的例子。可是像我的小表弟毛毛那样的孩子却是十分多见的。青春期了,打不得骂不得,自律性又特别差，总是要去泡网吧，打游戏，不让去，就玩手机上QQ，打手游不好好做作业。

这时候长辈是管还是不管？不管由着他这样任性的浪费自己时间，不好好学习技能与知识，结果，毛毛的成绩很快就下降了，从原来的年级前一百，掉到了全年级630名开外。

像毛毛这样处在青春叛逆期的孩子，有很多很多，他们时常说，自己长大了，不要大人管。

其实，他们表达自己的意愿没有错，错在他们太过任性，不计代价，以为大人们管他们是束缚，是不给他们自由。

我想信大人们对孩子的忠告，劝阻，以及限制，无一不是为孩子们的好。因为他们怕，万一有一天孩子长大了，没有足够的本事立足社会。

所以真正爱你的人，会留意你的每一次转变与迷茫，不会放纵你的任性，更不会让你因为任性走入歧途，毁了你自己。只会努力促进你学习本事，那怕他们当时的行为，有时候并不能被你所理解。可是，他们却让你在以后人生中有过上理想生活的资本。

/ 你的任性必须配得上你的本事 /

你的眼光决定了你的未来

  有些人努力了，拼命了，有些梦想就是达不到；有些人却是，没有怎么努力，看着像是轻轻松松的就完成了自己的梦想。

  人生充满了巧合，而最好的巧合便是你的卓见远识，你预见的成为真的——你拥有让梦想成真的能力。通俗讲就是你的眼光。
  每个人都心里有好多的梦想。但是，就是有些人努力了，拼命了，有些梦想就是达不到；有些人却是，没有怎么努力，看着像是轻轻松松的就完成了自己的梦想。这是为什么呢？就像有人说，十年前，某个人贷款做了一家公司，辛辛苦苦做了十年，却是濒临倒闭，而另外一个人只是因为，觉得房价会上涨，投资了两套房，十年后，不但有车有房，而且还有闲。

虽然例子极端，但是也说明了一个问题。有时候你的眼光决定了你的未来，看得越远，才能飞得越高。

有些想要实现美丽的未来，光拿凭热血和坚持都是办不到的。的确，如果你努力，没有什么能够难倒你，可是你却不能忽视，一种对前路预知的眼光。眼光不仅仅是一种对人生规划和预见的智慧，它也是一种对社会人情的洞察，是人的综合能力，在某种程度上说，它也是一个人人格的完善。

比如说，"下闲棋，烧冷灶"，本义是指在棋局中，有些棋子看似没有什么用处，孤零零摆在那里，成了所谓的闲棋。但这些看似下得漫不经心的闲棋，有时候会成为棋局胜负的关键。同样，在做宴席的时候，厨师要先把冷灶都烧热，因为如果没有做好准备，开席时就难以应付种种突发情况。这个成语，大多是用来比喻慧眼识人，在对方还没有成功时就关心和帮助他或她。这在某种程度上说，只是对于，别人不关心的我们去关心，别人不喜欢的我们不去讨厌，给予因有的尊敬，别人落难时，如果不是因为品性太坏的缘故，我们给予帮助。

如今创业浪潮席卷神州大地，创业团队比比皆是，所谓的投资人做的事情正是用眼光去找对人，因为他们知道投资对的人比投资对的项目更为重要。可是，我们都知道，一百个创业团队里恐怕也只有一两个会成功。如果投资人随意投资，投资的结果就只能是血本无归。为了防止最糟糕的情况，投资人一边努力提升自己的眼光，提高风投的门槛，一边试图把资金分配给尽可能多的项目，毕竟"广撒网""捞鱼"的机会才会多。

以长远的眼光去看待事物发展，不仅仅是投资人的事情，也是我们每个人应该具备的，这是自己为自己的未来所必不可少的基础。比如说，在职场当中，大家要有长远的眼光，首先得选择能让自己得到发展的平台。

每年大学毕业的时候，大家都会一天去赶几场招聘会，当年最吸引当时的应届毕业生的工作是诺基亚、索爱、摩托罗拉之类的外企岗位。虽然在这些企业里，即便是研发岗都只做汉化一类没有什么太高技术含量的工作，其核心研发工作一直在国外总部进行，所以员工的能力很难在实践中得到提升。但这些外企待遇高、福利好，全年除节假日外，还根据工龄会增加年假，熬上几年，就能享受十五日以上的带薪假期，如果能升到经理岗位，那就更是高薪厚禄。并且说起是他们的员工，总能收获到很多人羡慕的眼光，十分受尊敬。所以很多优秀的应届毕业生都向往这样的工作。

有一个十分优秀的学长老易当年同时拿到了一家手机行业知名的外企与一家民营企业的录取通知。通过打听，他知道这家民营企业是军事化管理，研发要求高。而且在那里上班得拼命学习技术，辛苦不说，工资也不多，还得加班，相当没有诱惑力。所以老易毫不迟疑地选择了外企。果然在外企的工作十分悠闲，假期多，福利好，薪水高，极少加班。老易十分欣慰自己找到一份这样的工作。然而在不停进步的时代，科技也一直在日新月异，这样的悠闲的公司又怎么能一直引领时代的尖端呢？短短几年之间，公司便日渐没落，许多员工每天到了公司根本无事可做，早退成为家常便饭，眼见公司这艘大船很快就要沉没，但老易依然不愿离开，图的就是"事少钱多"。

很快移动互联网时代侵袭而来，手机行业也因此迎来了一次巨大的洗牌，苹果将高端手机市场牢牢占据，华为也趁机攻占了全球各地的低端手机市场和基站市场。连曾经的霸主诺基亚、索爱、摩托罗拉纷纷裁员增效，黯然退出中国。老易工作的外企公司也不可避免的受到了这波大潮的冲击，最后只能决定裁员减负。老易这位曾经的金领，一夜之间沦为大龄失业人士。因为这些年，他一直抱着混日子的思想，想着外企相对稳定，养成了很多毛病，办事效率低，技术水平也退步不少，再想找到和当初同样工薪的工作，几乎成了一个梦想。

可老易购房贷款还有十年才还清，他每天睁开眼，就想到今天又多欠了银行一百六十多块，愁得几乎一夜白头。毕竟就是什么都不开支，每个月近五千的贷款也是要还的。可当年优秀的老易，现在已经年过三十，早过了技术员的黄金岁月。生活却要让他什么都重新再来，老易每天都过得如同在火上烤一般焦虑。

无意间老易想起，自己当年放弃的民营企业岗位被同学小波顶上。出于试试看的心情，老易联系了小波，希望能在他的介绍下谋一个职位。电话中老易才知道小波当年最初到这家民营企业时，每个星期至少上6天班，工作顺利的情况下才能在22点前下班。因为企业文化要求，日事日毕，必须工作完成才能下班，数据库凌晨关闭，当天做不完，以后就算做了也无法正常提交。

也许有人说，去一家发展中的民营企业这么辛苦值得吗？感觉到老易心里开始打鼓，小波赶紧给他讲解起这家公司的企业文化，以及发展前景。但这些老易都没听进去，直到听说小波去年的年终奖金就有31万，老易的眼里才不由露出了羡慕的神色。

或许在那一刻，老易开始有些后悔自己当初的选择，现在老易每个月还过贷款以后，生活十分拮据，而小波却早就靠自己的付出过上了十分丰禄的生活。

只有正确的选择，才能确保你过往的付出都有意义。

只有像小波那样，选择之前多多考虑企业的发展前景，才有可能在与企业共同进退中收获丰富。如果小波去的是所谓的"皮包公司"。可能也就不存在有后面让老易羡慕的事发生了。

其实选择什么样的行业，不能够以目前的情形去判断。平台大小、公司氛围，所从事行业的未来发展都应该是你应该考虑的因素。而且无论你选择什么，努力也不能少，要相信每个行业都有精英，如果你选择了就要去做得更好才是，如果你只是贪图享乐，怕眼前苦，那么有可能以后你会很苦。

所以说，一个人想要一个好的未来，你必需有明确的判断，就是你的眼光必需正确，其次你也必须努力。而且重要的是你眼光正确，努力才会用。

/你的任性必须配得上你的本事/

得意时的谨慎，能够让你飞得更高

得意的时候，千万不要猖狂，只有谨慎，才能飞得更高。

俗话说："枪打出头鸟。"这句格言都告诉我们一个浅显的事实：当一个人因为努力或才华而春风得意时，他实际上离倒霉已经不远了。只有得意时的谨慎，才能让你飞得更高。

我的家乡一直流传着一位天才少年的故事，他的一生波折起伏，其中几次最大的挫败莫不是因为得意时太过张扬而弄得自己一败涂地。

　　故事的主人翁，我们就姑且称他为柱子吧。柱子是一个十分勤奋的人，他从初中开始，已经每天早上5点起床学习。他之所以这样不停地鞭策自己，是因为他年少时随父亲见识过北京的繁华。那时候的北京留给柱子的基本印象是"好多车。还有长安街上的楼都很高，和老家的楼是不一样的"。这些不一样，已经在柱子的心里埋下了出人头地的志向。他知道出人头地必须要有一个好的起点，而出生在农村的他，最有机会获得好起点的方法，只能是用好的学习成绩考入好的学校。后来柱子果然在高考中以全县总分第一，673分的成绩，考入北京大学。

　　就像弹簧一样，压得太久，弹起来的时候力量也会越大。可能因为过去柱子逼自己逼得太紧了，所以一旦有了成就，他就格外为自己骄傲。所以刚到北大的时候，柱子十分得意自己的成绩，四处吹嘘。毕竟他可是当年的县里第一。可惜他忘记了，这里是北大。能进入北大的学生，谁又是庸才？柱子无意间表现出的傲慢与得意，让同学们对他或多或少都产生了几分敌意。可惜，他很快在第一次统考中败下阵来，他的成绩在全班只不过是中流水平，特别是英语口语，从山村里走出来的柱子因为缺少好的口语老师，难免带有些乡村口音，这些都成为同学们取笑他的话题。在一次次对学习的较量中，他发现班里聪明人太多，学习好的也太多了。于是，得出"他在班上并不是最出众的人"，这个认知后，柱子的学习理想就破灭了，他开始寻求新的出路。

在大学里，柱子学会了利用课余时间做些小生意，勤工俭学。可是因为他之前太张扬，得罪了不少人，没少吃些暗亏。后来，还在读书的他开始收集同学们不要的废旧电脑、手机，然后整理维修再转卖给其他同学，赚取微薄的差价。因为那时候手机电脑还算是比较高档的消费品，二手销售的市场十分好。就是这样一倒一卖，柱子每个月竟能赚回数千元，多的时候有上万元的收益。柱子尝到了做生意的甜头。从最初的小打小闹开始慢慢，柱子23岁大学毕业时就已经赚到50万元。

23岁，有的人还在寻觅努力的方向，有的人却已经为自己的人生写好计划，柱子就是后者。23岁时，柱子看见手机走俏，价位也开始普及，敏锐地发现了商机。他在校园侧开设了一家手机自选超市，里面小到保护膜、配饰、号码卡，大到手机等上千种手机用品像普通超市一样敞开摆设、明码标价、自选销售，令消费者耳目一新。除了邻近的学生，甚至有不少年轻人特意跑来这里购买商品。

在这里他收获了人生最初的第一桶金，也摔了人生的第一个跟头。因为很多学生消费能力有限，大部分手机的价位对他们来说还是承担不起。此时相对低廉的山寨机也渐渐兴起，柱子便大胆地进了一批货，果然低价的山寨机很快被学生们抢售一空。初尝甜头之后，柱子索性在店里大量推销山寨机。

柱子的好友亮子劝阻他不要进山寨机。因为山寨机都是三无产品，产品的质量与售后都缺少保障，建议他做生意还是要谨慎一些，不要进这些来历不明的产品。可柱子却完全听不进去，还认为对方想阻拦他发财，两人不欢而散。

很快柱子赚到了他人生的第一个100万，从0到50万他用了近四年时间，而从50万到100万他只用了不到四个月，这第二个50万来得如此容易，让柱子觉得一切都像是做梦。于是，柱子意气风发，根本就不记得亮子的提醒，马上又再次进入大量的山寨机，准备大干一场。

可是好景不长，因为山寨机缺少售后保障，质量也不过关，很快就有客户上门来要求保修。柱子最初的时候还是很好脾气应对这些客户，可是山寨机的返修量大得惊人，而当地又不能提供全国联保，他只能联系上线经销商拿回厂家维修，可这样一来一回，手机经常会滞留在售后流程要往返半个月甚至一个月。

客户一直取不回自己的手机，难免会有怨言，一个两个客户，或许柱子还能应付，可是返修的手机越来越多，客户与柱子的矛盾也像滚雪球一样越滚越大。最后，不知道谁向工商局举报了柱子，很快工商执法人员上门检查了柱子售销的山寨机，证实是三无产品，他们把余下的机子全部收缴，并要求柱子全额退款给客户，还对柱子处以5万元罚款。

这一下如同是一盆冷水从头淋到脚，柱子赚来的钱几乎全都投入在这个店里。所有的存款几乎都用来大量购入山寨机，可现在被缴的缴，罚的罚。有些客户才买的手机，其实并没有出什么问题，听到了这样的传闻，也闻风而来，一时店里从早到晚都是要求退货的声音。柱子手里仅余的一些存款，很快都赔得一干二净。本来柱子还盼望着可以靠慢慢经营缓过这口气，可惜因为失去了信誉，店里的生意也一天不如一天，最后甚至入不敷出，柱子只能转让店面用于还债。

变故来得太快，柱子从赚到100万，到赔光积蓄前后不过数月。他灰头土脸地回到老家，听从父母的安排参考了当年公务员，并取得了笔试成绩单项岗位第一，总分全市综合排名前一百的优秀成绩。

查完笔试分数以后，柱子觉得这个岗位已经是他的囊中之物，高兴地四处去广而告之，一脸得意之色尽显在外。可惜最后公示的期间，他太过任性妄为，一直四处吃宴，还因为与朋友们玩乐，时不时涉足娱乐场所。

父母的劝告他现在是关键时刻，还是要谨慎一些，不要四处去张扬瞎闹。柱子就当是耳旁风，只会我行我素，还表示，再不玩，回头上班了就没时间玩了。他玩得十分洒脱，十分尽兴，可惜他很快便在一次"扫黄"中，因涉嫌嫖娼而被刑拘了四十八小时。虽然最后查清楚，柱子只是去KTV唱歌玩乐，叫来是一些陪唱的服务员，根本没有嫖娼行为。但因为他之前还曾大量贩卖山寨机之类的三无产品，留有处罚记录。在公示期间柱子的这些劣迹也被人一一举报，所以他最后并没有能顺利通过公示。

柱子被刷下来以后，一时间什么难听的话都纷纷出来了。柱子听在耳里，更加发誓要混出个人样来，让那些他眼里的小人好看。这时候的柱子，并没有反省过自己如果平时行事检点一些，压根不会给自己带来这种打击，只会怨恨那些举报的人。

他立时收拾了简单的行装，随着当年南下淘金大潮来到了深圳。柱子很快通过自己的人脉网联系上了两个合作伙伴，其中之一便是柱子的好友亮子，另一位是小未。

三个毛头小伙一起开始了新的创业历程，三人拿出所有积蓄，再加上从亲朋好友那里东挪西借来的钱，凑够了30万元。带着这原始资金，他们就这样在沙井边缘地带租了个店面，办起了公司，主要经营计算机系统的应急处理以及编写程序的外包业务。

由于亮子和小未从原来的公司辞职时带有客户，他们三人在公司创立当年，便小有盈利。看到漂亮的业绩，三个创业者对前途信心满满，特别是柱子，更是再次意气风发，但他做梦都没想到，公司很快会陷入倒闭困境。

春节过后不久，小未提出了一个要求：他和亮子进公司时带来了客户，这几个客户一年累积有十几万的利润要全部归他们个人所有。"维护客户用的是公司的钱，利润却归个人，这违背了合作创业的原则。"柱子坚定地表示反对，最后三人起了争执。

亮子最初的时候，还是比较中立，没有明确的表态，可是柱子一再说起："就算他们能拉到业务，如果不是因为自己技术过硬，他们能干成什么事？"

诸如此类盛气凌人的话语，立时伤到了亮子。因为亮子的技术也是有口皆碑的，柱子的话完全否认了亮子的能力。加上亮子平时脾气也有些书生意气，小未对他一直比较谦让，所以两人虽然是通过柱子才认识，但关系很好。

柱子的盛气凌人让亮子很快站到了小未的身边，表示最少应该给他们一些额外的提成。这样的要求原本也算合理，可是柱子自我感觉太过良好，认为所有的技术上的难题都是他个人攻关解决的，而这两位伙伴在技术上的能力很差，根本不应该提出这样的要求。柱子并没想到，如果不是他们有这方面的客户资源，他空有技术也是不可能做好业务的。为这个问题僵持不下，柱子一时气愤把一台电脑摔碎了，为他们的合作埋下了隐患。

没多久，他们迎来了一单为某企业编写内部应用即时聊天工具的业务。接到项目后，因为这个客户是柱子与小未原来的朋友，加上对方一直夸赞柱子技术出众，两人更是相谈甚欢。所以柱子没有签任何合同，就开始忙碌起来。亮子再三的提醒柱子：是不是应该谨慎一点，还是把合同签了。

可柱子却觉得对方这是信不过自己的眼光，不耐烦地挥手让他不要再说下去了。结果，产品提交以后，甲方公司却带来了坏消息，表示软件有些地方没按要求做好，造成对方的内部资料外泄，须赔偿相关费用。三个人弄清原因后才知道，原来这个公司并不是原客户，而是有人把接到的单子转包给了他们，拿走了所有的钱，损失却让他们赔付。

柱子没有反醒自己，反而很不满意地开始对小未表示出了质疑，并冲口说出："小未，你的技术这么差，什么程序都是我写的，我都没有和你们计较，就是因为你能拉到客户，可没想到你会这样坑我。"

虽然柱子很委屈，但苦于没有合同，他不得不同意在白忙活后还倒贴好几万元给甲方。公司原本就不多的流动资金瞬间告空。

这次的事损伤到公司的"元气"，过后不久小未找到一个借口便离开了公司另起炉灶。在小未离开以后，他联系亮子，建议亮子以技术入股他的新公司。

多年好友亮子的离去，让柱子发现自己已经众叛亲离。而小未与亮子新建成的小公司因为他们自己带有稳定的客户，很快就做得有声有色。那段时间柱子很痛苦，他经常一个人去喝酒。清醒的时候也会反思自己的行为，是不是他做错了。

经过这件事以后，柱子开始变得谨慎了很多，他开始处处以落在合同上的凭证为准，不再相信口头承诺。好在他的技术过硬，在业内些口碑不错，所以客户就多了起来了。

公司走入轨道以后，柱子不再相信合作伙伴的经营模式，他高薪聘请了一些技术人员，而自己则开始专心做营销，拉业务。不得不说柱子是个十分聪明的孩子，他很快又赚到了自己人生的第一个200万。在这一年春节将至时，他给员工们结算完工资以后，欣喜地带着这笔巨款回了老家。回家以后，柱子看着父母还挤住在一个不足五十平方米的小房里，立时要为父母盖一栋豪华别墅，让人也看看，他柱子是多么出息。

有了这样的志向，那200万很快就像流水一样花出去了，拿到了建筑批文，一边寻找着承建商一边努力赚钱，他的公司也在一直壮大。金钱相对充沛，让柱子头脑一热想：两层的小洋楼也没多好，村里很多人都是住这样的房子了。

再次见到父母时说："爸，妈，你们放心，我会给你们盖个五层楼的小别墅，上面自住，下面让你们去放租。还要给你们配上太阳能，让你们二十四小时都能用上热水。"

柱子的母亲听后便觉得不妥，但是她了解柱子，"你说他不能盖五层的，他怕还要说盖七层十层。"他父亲也说，"这孩子还是太浮躁了，不够谨慎，迟早会出大娄子。"

可是，小别墅从当年12月动工到第二年8月的其间，柱子经济日渐困难。于是，柱子就只能延迟给员工发工资。这样的行为立时造成了原有技术人员大量流失，因为缺少好的技术人员，柱子接到的业务就无法很好地去完成，行成了一个恶性的循环，很快柱子的资金链就发生了断裂，他的收入已经无法支撑起这栋别墅的建造，在多次催要工程材料预付款无果的情况下，承建商一怒之下将柱子告上了法庭。

这时候，柱子才发现建筑小别墅没那么的重要，可是投入的钱回不来了。小别墅也成为了我们当地有名的烂尾楼，直到今天，里面还是杂草丛生。

而当年和他拆伙的合伙人小未因为懂得隐忍，擅长与人打交道，做事也谨慎，生意越做越好，现在已经在深圳购置下属于自己的小洋房，过上很多人羡慕的生活。或许小未确实在技术方面不及柱子，但他在人际关系的处理上的确做得要比柱子好。小未在亮子面前嘘寒问暖，兄弟情深，让对方对自己言听计从；在需要他人帮忙时，懂得示弱退让，令人同情，亮子及其他员工也愿与他一起承担损失。正因为他在得意时始终不忘谨慎，不逞强，他才能一直顺利，做出了比柱子更大的成绩。。

　　看过柱子的这些经历，让我们懂得做人做事必须懂得付出，把握好机遇，但也要记住的是：得意的时候，千万不能猖狂。而小未的经历告诉我们：谨慎，能让一个人走得更远，飞得更高。

你终将知道只会羡慕别人的人将一事无成

如果什么都不做，终将一事无成，所以看准了就勇敢去做吧，相信自己，只要你努力，你就会是最棒的。

我们常常会陷入一个误区，因为羡慕别人的成就，而想要做些大事，却往往会被其他的小事干扰。比如说我吧，上周看到有人在朋友圈炫健身后的"人鱼线"，我下定决心要减肥了。然后早上刚啃了半个苹果当早饭，正决心中午要继续只吃苹果，结果领导请吃饭，还是海鲜大餐哦！这吃不吃呢？

我就想，那就吃一点吧，大不了晚上回家好好做运动。于是，中午吃了一顿大餐了。想着晚上要做运动就好了，结果晚上发现最爱看的电视剧在三连播，那还是先看看吧，免得还要上网找视频。

于是，一天就这样过去了，第二天继续减肥计划，可是又因为别的原因依然失败……所以春天我开始减肥，到了夏天还胖了，到了秋天更胖了，只能看着一个个天天运动的朋友在朋友圈时不时地炫"人鱼线"。

羡慕嘛？看看自己的肥腰，真的很羡慕。然后咬了花钱咬牙请了一个私人教练。可是去了没两次，便开始找理由不去了。所以钱花了，但到了冬天，我胖成了一只熊。

于是想，很多事就在我们一次次放弃中失败了。我们也羡慕别人的成功，可是却因为懒惰、缺少勇气，或是其他的原因失去了能让我们完成目标的机会。

像我虽然羡慕朋友有好身材，可是我却不能付出努力去健身，以至于至今还是胖乎乎的。当然在人生的道路上，身材胖瘦这样的事，算是小事。可但是如果光羡慕，不做为，却是注定会与成功无缘的。

例如我有一位女同学叫萌萌,看到别人考的好,她也会羡慕的感叹几句,但开始的时候并没有多认真的去学习。所以那年高考,她失利了,看着考得好的同学畅想着大学生涯的时候,萌萌的眼里露出了羡慕的目光。她开始后悔往昔光羡慕,不做为造成她现在与同学们的巨大差距。

她的父母知道女儿很聪明,但一直都比较懒惰,光会羡慕同学拿满分,认为自己得过且过混下去就可以。于是说,让她不如去上大专。末了好好考个专升本。

可是,她知道,与其毕业后再升本,不如好好准备复读。因为她觉得,现在在饭馆做服务员的,也是大专水平。在这样压力下,她不再是以前那个羡慕同学拿满分的人,变成了自己要努力拿满分的人。

第二年,再次参加高考,她的成绩已经接近了一本线。不过,她羡慕的和想读的是一本的工程学院。于是,她选择再努力一次。

果然不负众望,她考上了一所重点高校的强势专业,继续在大学里持之以恒地当着学霸。毕业多年后,同学们猛然发现,当年不起眼的她,居然后来居上成为了女博士。

她浪费了的中学学习时间,用两年复读赶了回来。因为她已经醒悟只会羡慕别人的人,最终只会流下悔恨的泪水,为自己失去的光阴而后悔，为自己不曾努力便失败而懊恼。她用自己的行动改变了自己的人生，而不是像当年那个只能看着同学们畅想未来，孤独流泪的女孩。

其实当你看到这里的时候，我已经向你介绍了很多人的成功经验、失败教训。当然这些看法，你并不一定赞同。每个人对待世界都有自己的认识角度，这不足为奇。不过，我们每个人都会在这一点上达成共识：幸福与成功绝对不是能靠等待得来，它需要自己去努力付出才能得到。陆游说过，"纸上得来终觉浅，绝知此事要躬行"。如果自己缺乏执行力，不去行动只会羡慕别人，那终究将会一事无成。

后记　只为追寻着我们想要的生活

敲下最后一个字的时候，我知道这本书写完了。回想起这些天的不眠之夜，一时反而感慨万千。写这些文的过程中种种思绪，我不一一缀述。不过，期间我不由忆起了很多往事。有年少时的狂妄自大、有成长中遇上失败时的挫折和迷惘。

因为任性妄为，我没少走弯路。但其实长辈们怜惜后辈成长的不易，时常会在我的人生道路上提醒，我应该如何修行自己，专心学习知识，学习好的榜样，可是很多时候，我都自负而任性，执意到不撞南墙不回头的境地。不听从他们按排，只会顶撞、叛逆，却没有听从他们的劝告，去认真修炼自己的本事，充实自己的知识。不过，青春并不是用来后悔的，而且逝去的年华，怎么后悔也不会再回来。或许因为任性，我吃了不少苦。可是吃一亏长一智，经验从来都是自身积累来得深刻些。

有时候我也会忆起当初纯净岁月里的快乐，还记得，在校院里的朗朗读书声被风带到远方。最终，年少时的欢笑与努力，成就了我们今天的人生。不过可惜当时一起欢笑的人早已散落各方，不复当初的模样。因为每个人都在为自己的人生，开始在世间的修行。偶尔还会想起他们，想起那段年少的岁月。带着回忆里的美好和"相见不如怀念"的伤感，淡然一笑。

时光流淌。我们终被岁月的车轮带向了四方。

在这过程中我们被生活中荆棘扎得鲜血淋漓，承受着一次又一次的打击。可是，我们就在打击中，学习着人生的阅历，渐渐百炼成钢。也慢慢从最初的懵懂不知走向成熟，终于在生命的磨砺中学习变得强大而现实，成就了我们在社会上谋生的本事。

这个世界上含着金汤匙出生的王子和公主只是极少数，作为大多数的普通人都只能小心谨慎的靠自己努力，来造就自己的人生。因为没有他人能为我们的任性妄为买单。我们的选择将决定我们的人生。正因为这样，我知道，我们今天能获得的一切，都源于自己曾经地选择与付出过的努力。

所以，就让我们用一颗无畏、有信仰且执着的心，去努力学习本事，修行我们的光明人生吧！

如果你能因为读过本书，而开始带上这样一颗这样的心，更好地努力生活，用自己的本事，创造独属于你一个人的风景。我将为你感欣喜，因为，你终将遇见一个更崇高，更完美的自己。即时，必会有一份宜人的美，跨越千山万水，只为你而来。

而你将领略着这道美丽的人生风景，迎向人生的丰收。